大展好書 好書大展

大展好書　好書大展

婦幼天地
40

斑點、皺紋自己治療

高須克弥
高須倭文／著
劉雪卿／譯

大展出版社有限公司
DAH-JAAN PUBLISHING CO., LTD.

前　言——妳沒有肌膚的問題嗎？

●對於自然美麗的肌膚有自信嗎？

「世界上有很多值得愛的女性，卻沒有完美的女性。」

這是法國大文豪維特·雨果所說的話。

到底什麼樣的女性才算是完美的女性呢？眾說紛紜。不過，相信每位女性都希望自己的自然肌膚有如嬰兒一般的「完美」。

現在，擁有光滑滋潤的肌膚，成為所有女性的共同願望。

日本女性自然肌膚美麗，自古以來深獲好評。

根據文獻記載，江戶末期搭乘火輪船到日本的培里，在異國之地第一眼看到日本女性時——

「雖然年紀大，但是臉上沒有斑點，也沒有皺紋，真是不可思議。」

此外，明治時代來日本的許多外交官，在不同的報告書中寫著：

「日本人雖然貧困，但是愛乾淨，肌膚光滑美麗。」

的確，在外國的沙灘上看到白人的肌膚時，會發現他們的背部都是斑點，即使年輕人，臉部也有深深的皺紋，看起來比實際年齡更顯得老態。

與黃色人種相比，白人的黑色素較少，因此容易引起肌膚的問題。

但是，國人並非就與斑點或皺紋無緣。

毫無防備的晒太陽或錯誤的護理肌膚，就會在不知不覺中損傷肌膚。

●妳的肌膚會突然出現斑點！

妳對自己的肌膚感到滿意嗎？

每天早晨洗臉之後或夜晚就寢前卸妝之後，是否花點時間檢查鏡中的自己呢？

「沒問題，眼角沒有小皺紋，而且也沒有斑點。」

也許妳會這麼說。

但是妳等一等。

我認識一位二十八歲的女性，大家甚至連她自己都認為擁有自然美麗的肌膚。她的肌膚紋理細緻、滋潤光滑，的確不存在斑點。

她可能也認為如此吧！儘量少用粉底，並且化淡妝，保持肌膚的自然美麗。

但是，某日，她垂頭喪氣地來到我的診所。

「醫生，你看看！」

仔細看她用手指的地方，在眼尾附近出現了紅褐色的斑點。

在昨天之前，完全不見這些斑點，但是在今天早上突然就出現了。

我並不打算威脅各位，但是像這種例子並不足為奇。

就算是各位沒有怠忽肌膚的護理，但是斑點、皺紋、鬆弛會悄然闖入，待妳發現時，已經來不及補救了。

到今天為止仍然是美麗的肌膚，難保明天、明年依舊是那麼的美麗。

那麼該怎麼做才能夠維持沒有斑點、皺紋，也不鬆弛的自然美肌呢？

首先，要趕緊檢查來自自然肌膚的警告信號。

●自然肌膚的自我診斷

仔細照鏡子，能夠明確地觀察到自己肌膚的狀態。

妳每天花多少時間攬鏡觀察自己的肌膚呢？

如果只是在洗臉、化妝時才照鏡子，那是不夠的。不要光是注意到打粉底的部分，連眼頭、鼻側、額頭的髮際等，也要注意觀察臉部各處的肌膚狀態。

每天至少要花十分鐘面對自己的肌膚。

現在，趕快找出鏡子來檢查肌膚吧！在符合以下檢查要點的項目上畫上○。

①肌膚的光澤

	的確如此	沒有感覺	很擔心
・與皮膚的黑白無關，感覺從肌膚深處產生亮度、光澤。	□	□	□

	的確如此	沒有感覺	很擔心
・有透明感。	□	□	□
・不會感覺發黑。	□	□	□
・不會感覺蒼白。	□	□	□
・不會感覺粗糙。	□	□	□

②肌膚的彈力

	的確如此	沒有感覺	很擔心
・用手指按在臉頰時，會立刻彈回，具有彈力。	□	□	□
・捏肌膚時，有適度的柔軟度。	□	□	□
・不像沒有粘性的年糕一般鬆鬆軟軟的。	□	□	□

③肌膚的滋潤感

	的確如此	沒有感覺	很擔心
・用手掌摸臉時，感覺好像被吸住一般，有滋潤感。	□	□	□
・手掌沒有粗糙感。	□	□	□

・用鏡子觀察時，沒有撒上粉一般的感覺。	□	□	□
・不會發粘。	□	□	□

妳覺得如何呢？

如果「的確如此」一欄上有很多個○，表示目前肌膚狀態良好。

「沒有感覺」或「很擔心」的○較多者，則表示已經亮起斑點、皺紋、鬆弛的警告信號了。

如果置之不理，則在不知不覺之間肌膚會開始老化，變得有如童話故事中的巫婆一般。

另一方面，就算目前沒有問題，也不能夠就此而感到安心。因為自然肌膚非常的纖細，只要一不小心，就會淪為斑點、皺紋、鬆弛的後備軍。

為了保有年輕美麗的肌膚，則每天十分鐘的肌膚檢查是很重要的。

●了解容易形成斑點的部分

「T區非常油膩，臉頰卻很乾燥，依臉的部位之不同，肌膚的狀態也各不相同。」

「整體而言是油性肌，只有眼睛四周的水分不足。」

經常聽到這般的描述。

臉部眼角、眼頭、額頭等皮膚新陳代謝的活性度不見得完全相同。肌膚機能衰退的部分，會不知不覺地老化，形成斑點、皺紋。何時開始形成斑點的，用不著大驚小怪。在此提醒各位必須盡早注意的部分及其方法。

首先，用水調溶二大匙的麵粉成糊狀，依敷臉的要領塗抹於整個臉上。

經過十幾分鐘。

乾燥以後，用手掌摸臉頰、額頭、口唇四周、眼睛四周等。

大部分的場所麵粉已乾，但仍殘留一些濕的部分。較慢乾的部分，即是肌膚開始老化的部分，是易形成斑點的部分。由於新陳代謝衰退，血液循環不良，因此無法充分進行熱的放散。亦即無法從內側充分溫熱，所以麵粉作成的面膜不易乾燥。

在一～二週內定期實行這個方法。

發現容易長斑點的部分時，就要依本書稍後將為各位說明的護肌方法來改善情況。

早期發現，是遠離斑點、皺紋、鬆弛的最佳對策。

只要高明地活用本書的知識，則即使是四十幾歲的人也能夠擁有二十幾歲的肌膚。待肌膚恢復青春之後，妳就會開始懷疑昔日為何要為斑點、皺紋而苦惱了。心動不如馬上行動，從今天就開始實行吧！

高須克彌
高須倭文

目錄

第二章　自己能夠進行的斑點、皺紋對策

第三章　以最新醫學恢復青春

第一章
這種生活會傷害妳的肌膚

●自然肌膚何時開始老化？

年輕人流行夏天玩風帆、冬天玩雪橇船。

走在街上，可以看到很多年輕女性的肌膚晒成咖啡色、頭髮晒成茶褐色。

現在看似健康的她們，以我這位美容醫學專業人士的眼光來看。

「妳們的自然肌膚已經快速進行老化了。」

真想對她們提出這種忠告。

從十八～二十以後，自然肌膚的狀況會逐漸地走下坡。

尤其臉部的老化比身體其他各部分來得更快速。

「什麼，臉的老化比手腳來得更快嗎？」

或許妳會驚訝地問。

妳看看雙臂、大腿內側等不易暴露在外氣中的肌膚，仍有如嬰兒時期一樣地細嫩。而臉上的自然肌膚，即使用價格昂貴的美容霜或隔離紫外線的粉底保護，也無法像雙臂那般的柔細、光滑。

如果能像雙臂一樣地儘量不要讓臉暴露在外氣中，也許能夠減少肌膚的問題，但是這是難以辦到的。

或許可以戴上面紗等防止寒暑直接侵襲自然肌膚，但是我們要說話、吃東西、工作、表現情感，不斷地使用臉部表皮與肌肉。

除了心臟等的內部器官之外，臉是經常被酷使的部位。

臉的肌肉與表皮，除了睡覺以外，時時刻刻都在活動。

再加上心理的壓力、身體的問題，因此會使臉部的肌膚產生更多的問題。

例如，失戀或有工作上的麻煩時，就容易長面皰或疙瘩，臉色暗沈。

此外，經驗豐富的醫生，只要看患者的臉色，就能夠知道身體的哪個部位失調。

亦即來自內外的壓力，會直接的表現在臉上，因此，臉比身體的任何一處更容易老化，也是衰老最明顯的場所。

●太陽是自然肌膚美人的天敵

自然肌膚所承受的來自外界的壓力當中，最需要注意的就是陽光所形成的紫外線。

最近，不僅是防晒乳，連具有隔離紫外線效果的粉底、衣物都出現了。看報章、雜誌、電視等媒體的情報，相信很多人都知道紫外線之害了。

「只要我不晒黑就沒問題了。不要一次大量晒太陽，只要每天少量地曝晒，應該沒有問題吧？」

這是很喜歡從事水上活動的A小姐所說的話。

前一陣子到夏威夷去時，一日花三小時進行海灘浴。

A小姐的肌膚晒成美麗的古銅色，使用在我的診所的不可視光機械觀察時，發現臉、頸部、肩膀都出現淡紫色的斑點。

利用這個機器，可以發現肉眼看不到的斑點。

A小姐從機器上發現自己臉上的斑點時，大吃一驚。

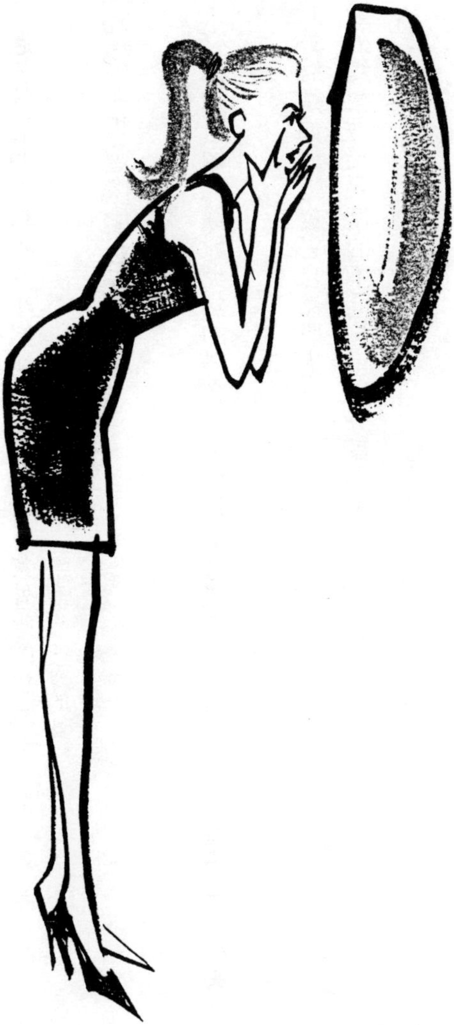

「這都是紫外線所造成的。形成斑點的部分，即是在皮膚內部有黑色素沈著的部分。放任不管的話，就會形成真正的斑點。」

經過我的說明之後，A小姐開始認真地考慮紫外線的對策。

●溫和陽光也會傷害自然肌膚

大家都知道像火燄般炎熱的陽光，會對肌膚造成傷害，但是過度曝晒溫和的陽光，也會傷害肌膚。

紫外線是如何地傷害自然肌膚呢？

紫外線依波長長度的不同，可以分爲——

- ＵＶＡ
- ＵＶＢ
- ＵＶＣ等三種。

會造成像火烤一般晒傷的是ＵＶＢ。慢慢使肌膚發黑的紫外線爲ＵＶＡ。

皮膚的剖面圖　（圖A）

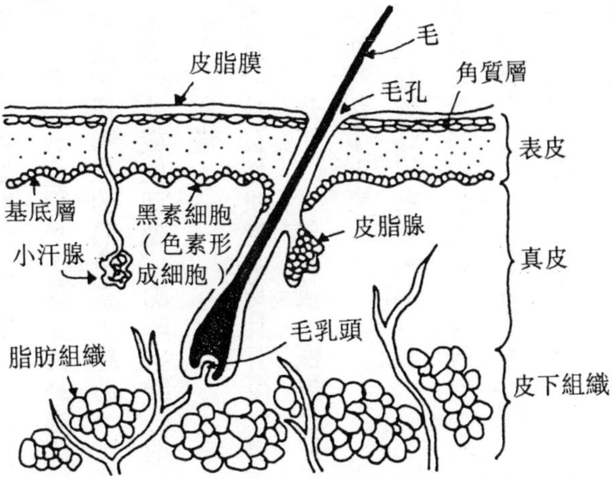

雖然這些紫外線會造成不同程度的晒傷，但損傷肌膚卻是相同。

請看圖A，我們的皮膚具有表皮、真皮、皮下組織三層構造。

在正中央的真皮，具有膠原蛋白、彈力蛋白的纖維狀蛋白質組織，能夠使肌膚富於彈力與張力。

除此之外，真皮層還含有微血管、汗腺、毛乳頭等重要的組織。每一種組織一旦晒到紫外線，都會破壞細胞。

在表皮與真皮之間有黑素細胞，會製造黑色素，形成屏障，防止紫外線進入真皮內。

以美肌觀點而言，一直被視爲作惡多端的黑色素，卻能夠遮斷紫外線，防止真皮內的組織受損。

白人的肌膚對紫外線的抵抗力較弱，就是因爲黑色素較黃種人來得少的緣故。人體肌膚接受日晒以後會發黑，就是因爲表皮內側的黑色素形成屏障所致。

表皮內所形成的黑色素，經過一段時日，屏障機能衰退，會和角質一起剝落。

未滿十八歲的新陳代謝旺盛的時期，夏天即使晒成小麥色的肌膚，到了秋冬也會恢復原先的美白肌膚。

這是因爲自然肌膚本身具有復原力。

但是，過了二十歲以後，恢復自然肌膚之美的力量減弱，一旦表皮形成黑色素，就不會剝落而殘留了下來。

這就是斑點的根源。

尤其是波長較長的ＵＶＡ所引起的日晒，會滲入肌膚的深處，造成黑色素增加。因此，日晒後即使用化妝水處理晒黑的肌膚表面，也無法挽救遭到破壞的深處組織。

一旦黑色素滲入真皮層，即使採用普通的護肌方式，也無法治癒，會形成斑點。

●紫外線是皺紋的最大原因

日晒不只會形成斑點。

紫外線（尤其是ＵＶＢ）會從人類的皮膚奪取大量的水分。毫無防備地晒太陽，會造成眼頭、口唇四周等容易乾燥的部分更爲乾燥，形成無數的小皺紋。

就好像缺乏水分枯萎的植物會縮小一樣。

提早察覺這種狀態，利用化妝水適當地護理，尚能夠調理一番。

如果對於水分不足的狀態放任不管，就好像乾涸的田壟一般，會在皮膚表面形成很多的龜裂。這就是真正的皺紋。

「這麼說來，日晒之後立刻補充肌膚的水分，就能夠防止皺紋嘍！」

先別太早下定論。

最可怕的是紫外線之害。即使立刻處理，恐怕也難以挽救。

在前面曾經提及，真皮中有膠原蛋白、彈力蛋白等的纖維組織。爲避免真皮萎縮，喪失適當的彈力，因此，膠原蛋白具有如支架一般的作用，能夠支撐整個組織。

以高樓大廈來比喩，膠原蛋白就有如鋼筋一般。

但是，當強烈的紫外線持續攻擊膠原蛋白時，纖維會被切斷，支撐大樓的鋼筋一旦被折斷，建築物就會崩塌了。

肌膚的情形亦同。當膠原蛋白纖維被切斷的部分失去了支撐力，就會出現好像用雕刻刀刻出來的深皺紋。

令人感到困擾的是，膠原蛋白等的彈力纖維一旦遭到破壞以後，就無法復原。與表面的小皺紋不同，即使塗抹化妝水或高價的美容液，也無法痊癒。

例如，農家的老年人或捕魚多年的漁夫的臉上，會殘留深皺紋，這是因爲工作的關係而經常暴露在紫外線中所致。

當然，長年持續一種工作的人，臉上的皺紋就象徵人生沈重的負擔一般。女性儘量避免產生斑點、皺紋，相信這也是所有女性共同的願望吧！

如果真的想要擁有自然美肌，則儘量不要暴露在紫外線中。這是我誠懇的忠告。

第一章　這種生活會傷害妳的肌膚

儘管没有暴露在紫外線中，但是隨著年齡的增長，膠原蛋白、彈力蛋白也會逐漸地遭到破壞。不要因爲追求一時的快樂，而在海灘或滑雪場接受紫外線的照射，否則就好像親手破壞了膠原蛋白一樣。

●膚色越白者日曬的傷害越大

昔日有一白遮三醜的説法，肌膚白皙是成爲美人的重要條件。

最近價值觀產生很大的變化，雖然皮膚黑了點，但是只要具有光澤與彈力，也算是健康、迷人的女性。

「但是，醫生，我的皮膚原本就較黑，不適合穿粉紅色的衣服，真是麻煩。」

一位女性編輯對我提出這樣的抱怨。

另一方面，典型的白皙美人B小姐則對我説：「雖然皮膚白，但是拍照時，只有我的臉特別白，好像塗了一層厚厚的白粉似的，希望能夠擁有健康的膚色。」

女性不論是皮膚黑或皮膚白，也許一直都有肌膚的苦惱吧！

姑且不論本人的喜好，以美容醫學的觀點來看，膚色稍黑者較爲健康。

在前項已經提及，在表皮層內所形成的黑色素，具有保護真皮免於紫外線之害的作用。

天生皮膚黑的人，黑色素的功能較强，較富於對付紫外線的抵抗力。

相反的，皮膚較白的人，黑色素的功能較弱，日曬時，無法充分保護表皮或真皮的細胞。

所以皮膚白的人，經過日曬後，皮膚首先會發紅，再逐漸地變黑。

換言之，皮膚黑的人，原本黑色素的功能旺盛，因此，就算稍微曬太陽，黑色素增加，故不會對自然肌膚造成負擔。而皮膚白的人，一旦接受紫外線，則在黑色素增加時，肌膚的內部就已經受傷了。

皮膚白的人，一旦出現斑點、雀斑、皺紋時，就好像彩色顏料掉在白色的畫布上一樣，相當的明顯。

所以，皮膚白的女性一定要牢記這一點，充分注意紫外線之害。

當然，皮膚黑的人也不可掉以輕心。

皮膚黑者，其黑色素的功能旺盛，一旦曬太陽以後，很難變白。這是根據研究結果得知的事實。

某個實驗請白皮膚與黑皮膚的女性各十名幫忙，在愛知縣附近的海邊曬太陽，出現如下的結果。

・**白皮膚群**……曬太陽一小時以後，肌膚發紅。

過了二～三天以後，日曬的部分發黑。

過了二～三週以後，日曬痕跡褪去。

・**黑皮膚群**……日曬二小時以後，肌膚也沒有發紅。

過了四小時以後，沒有發紅，直接變黑。

數日後，變黑的部分無法復原。

過了三～六週以後，日曬的痕跡才褪去。

由此可知，雖然不像肌膚白皙者那麼明顯，但是皮膚較黑的人會長期間受到日曬的影響。

「黑色肌膚耐力較好哦！」

不可過度自信，必須要體貼妳的肌膚。

●危險期不僅是盛夏時節

也許妳會認爲：「夏天不要曬太陽，一切就沒問題了。」

但是，光是夏天注意日曬的問題還不夠。因爲紫外線對肌膚所造成的傷害，不僅僅只是出現在夏天而已。

由於日曬强度與氣溫的緣故，因此大家都認爲夏天的紫外線最强，但是請看圖B。

這是顯示每個月降臨到地表的紫外線量。顛峰期是五～六月，與初夏時期最舒服的季節一致。

這個時期，受到陽光的引誘，我們經常會穿著單薄的衣服去踏青。但是，如果考慮到肌膚的健康，這就會成爲一大問題了。

在一年之中，五～六月的紫外線最强，接受强烈的紫外線照射，七～八月又到海邊或

每個月降臨到地表的紫外線量　(圖B)

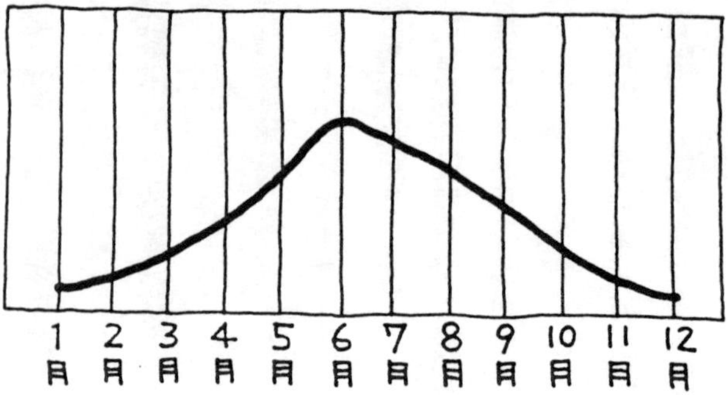

山上享受户外活動，這會使得妳的肌膚嚴重受傷。

根據東京女子醫大佐藤吉昭教授的說法，三月的紫外線尤其要注意。

肌膚在一年的週期中，六月的新陳代謝最爲旺盛，冬天的新陳代謝衰退。

三月是紫外線量開始激增的時期，而我們的肌膚還是處於冬型無防備狀態下。如果忽略這一點而以自然肌膚的狀態到户外踏青，可能就會造成意想不到的問題。

尤其冬型的肌膚，覆蓋在表皮的角質層較薄，黑色素的功能遲鈍。

如果妳認爲這是個滑雪的好季節而前往滑雪場運動，就容易產生斑點了。

附帶一提，在滑雪練習場，雪具有如鏡子一般的作用，會反射紫外線。

隆冬時節到三月的紫外線量，雖不如初夏、盛夏時節那麼多，但是因爲雪的反射，而會對肌膚造成多重的傷害。

再加上在此季節自然肌膚的復原力減退，因此會造成曬傷（雪曬）。

「這麼說來，滑雪曬傷比在海灘的曬傷更爲嚴重嘍！」

一點也不錯。反射的紫外線因方向不穩定，故曬傷的痕跡零亂，就好像不斷地接受日曬時一樣，肌膚會變得乾燥。

雖然陰天的紫外線量減少，但是紫外線會反射，所以也不能夠掉以輕心。

考慮到肌膚的健康，必須不論季節，一整年都要採取防禦紫外線的對策。

●妳的身邊充滿著紫外線的危機

在地球上，紫外線最强的就是赤道附近。隨著緯度增高，降臨到地表的紫外線量會減少。以日本爲例，琉球、九州、四國等地的紫外線量多於北海道。

除了這些地區之外，紫外線量較多的是長野縣的松本。松本周邊高度較高，空氣中的煙塵較少，因此，紫外線降臨到地表的量也較多。

由此意義來看，空氣清新的北海道的高原、輕井澤、蓼科等避暑勝地，也是要注意紫外線的地區。

不知道是幸還是不幸，紫外線容易被大氣中排放的廢氣或塵埃等所吸收，因此，據說東京、大阪等大都市的紫外線量比較少。

當然，汽車排放的廢氣、煙塵對肌膚而言，也會造成壓力。因此並不是說紫外線少，就能夠感到安心了。

另外，高樓大廈、柏油路面雖不如滑雪場的雪那般的嚴重，但是仍然會反射紫外線。

所以，光是走在辦公大樓的街道，就得承受大量的紫外線。

「我經常戴帽子或利用洋傘，應該不會直接受到陽光的照射吧！」或許妳會這麼認爲。的確，帽子、洋傘能夠防止太陽降臨到地面上的紫外線。

但是，道路與建築物會反射紫外線，這恐怕妳難以抵擋吧！

亦即儘管走在陰涼處，在不知不覺中，也會因爲反射作用而曬傷。

●高明使用防曬乳、隔離紫外線化妝品的方法

既然帽子、洋傘無法完全隔離紫外線，那麼只能夠依賴防曬乳了。

但是使用不當的話，反而會損傷肌膚，故要了解正確的使用法。

防曬乳或隔離紫外線化妝品，多半都含有紫外線吸收劑。這個紫外線吸收劑的根源就是對氨基苯甲酸鈉、氧化鋅、鈦等的物質。

這些成分不能夠遮斷所有的紫外線，只對於波長較短的ＵＶＢ有效，對於成為曬黑原因的ＵＶＡ並不具有阻擋效果。

此外，長時間塗抹紫外線吸收劑，會由皮膚表面再吸收，成為斑疹或斑點的原因。

例如，塗抹對氨基苯甲酸鈉以後，雖然能夠直接遮斷紫外線，但是會滲透到表皮的內側，反而具有製造斑點的作用。

此外，防曬乳中所含的油分，經過一段時間之後就會變質，有可能因為油曬而引起斑點。

防曬乳的有效時間，通常只有二小時而已。
在接近赤道的日本南國海灘，紫外線量極多，防曬乳只具有一小時的效果。
如果重新多次塗抹，會對皮膚造成負擔。
很多女性爲了防止日曬，一日塗抹五～六次防曬乳，結果造成肌膚發紅、出現斑疹，引起發炎。
爲了活用防曬乳的效果，則要將其對肌膚的負擔抑制在最低限度。
基於美容醫學的立場，希望各位遵守如下的要點。

■避開紫外線最強的時間

一天當中，紫外線量最多的時間為上午十點到下午二點，這段時間最好不要走出戶外。

■測試防曬乳與肌膚的適合性

如果防曬乳與肌膚不合，就會產生意想不到的問題。

CREAM

使用防曬乳之前，先塗抹在手腕內側等處，做皮膚測試，看看是否會出現發癢、刺痛等刺激，或是出現斑疹的症狀。

在炎炎夏日下塗抹在臉或整個身體上，根本是不明智的做法。

■塗抹乳液之前先洗臉

去除臉上表皮的污垢，用化妝水調理，完成基礎化妝，盡可能保護自然肌膚。

■一次使用量要維持在說明書上所註明的適量範圍內

只使用些許量的防曬乳，當然無法得到充分的效果。但是塗得太厚，也不見得有效。要從臉到整個脖子細心地塗抹（穿泳衣時，尤其是仔細塗抹背部與腳的內側）。

■一日最多只能重新塗抹三次

如果一天當中多次重複塗抹，會使皮膚受到不良的刺激。依紫外線量的不同，塗抹方式也各有不同，不過，以二小時為標準，一天只能夠重新塗抹三次。

最近除了防曬乳液之外，隔離紫外線的化妝品也十分暢銷。

如果不是在海灘或高山上從事休閒活動的話，只是因爲日常工作或購物而出門時，只要塗抹隔離紫外線的粉底和口紅即可。

最近，市面上販賣無油或粉狀的粉底，可以選擇不易引起油曬的化妝品來使用。

也許有人認爲塗抹粉底會對自然肌膚造成負擔，不願意使用，但是與紫外線的傷害相比，塗抹粉底還是比較安全。

尤其是參加園遊會或和孩子一起到公園遊玩的媽媽們，即使麻煩了些，也一定要塗抹粉底。

此外，不論是使用防曬乳或隔離紫外線的粉底，只要進入不必擔心紫外線問題的室內時，就要儘量迅速沖洗掉。

要在不化妝的狀態下，讓肌膚得到充分的休息。

●曬傷時的處置

雖然小心謹慎，但是仍然曬傷，或不小心怠忽紫外線對策而肌膚發紅、發黑時，當然要儘早護理肌膚。

要使曬傷抑制在最小的程度，一定要實行以下的緊急處置方法。

■用純水清洗

因為進行海水浴或游泳而曬傷時，首先要用純水小心地清洗全身。

如果是因為騎自行車或登山而曬傷臉部時，也要用刺激性較少的肥皂和水清洗掉污垢。這時不可以使用熱水。

尤其是全身曬傷時，不能夠泡熱水澡，要用溫水淋浴。

■冷敷曬傷處

曬傷也是燒燙傷的一種，要用包住冰的毛巾或紗布抵住患部，使發燙的肌膚冷卻。

■補充油分

當皮膚發燙或有刺痛感時，要用晚霜或潤膚油輕輕塗抹肌膚，給予肌膚油分。

■發炎或出現水泡的曬傷要接受醫生診治

臉部引起發炎的曬傷較爲少見，但是如果冷敷也無法抑制發燒的狀態，或是殘留刺痛感時，需要接受專門醫生的診治。

除了臉部以外，身體其他部位的曬傷，也要採相同的處理方式。

自己不可任意地治療，否則會使症狀愈加惡化。

■即使脫皮也不可撕下

在皮自然脫落之前，不可任意地撕下。曬傷後脫落的皮下，會再生新的皮膚。

如果强撕下，則尚未生長完全的新的皮膚會受損，成爲斑點的原因。

VITAMIN
C

■多攝取維他命C

維他命C具有美白效果，能夠抑制黑色素的生成，防止斑點的形成。

光吃生菜沙拉或檸檬還不夠，要利用超市或藥局販賣的維他命C錠劑（營養輔助食品）來補充。

雖然衛生單位推薦一日要攝取五十毫克的維他命C，但是曬傷時，最好一日服用一公克。

●紫外線是造成皮膚癌的關鍵

最近的女性對於自然肌膚健康的關心度提高了，儘量避免皮膚因爲日曬而受傷。

但是，仍有很多女性只要一前往海灘或滑雪場，就會不知不覺地怠忽紫外線對策。

結果，使得肌膚嚴重受損。

「醫師，出現斑點了。」

「要如何去除皺紋呢？」

對於這些慌張前來就診的女性，我往往毫不客氣地回答：

「只要不曬傷就沒有這些問題了。」

因爲對紫外線掉以輕心，導致皺紋，甚至產生皮膚癌。

紫外線中有波長較短的ＵＶＣ，以前拜地球成層圈上的臭氧層之賜，ＵＶＣ不會到達地上。

但是，在臭氧層到處破洞的現代，ＵＶＣ也開始降臨到地面上了。

據說黑色素較少的白人較容易罹患皮膚癌。無法藉著黑色素充分保護的白人，ＵＶＣ到達真皮層，會損傷細胞而引起皮膚癌。

由於二氯二氟甲烷氣體破壞臭氧層，使得ＵＶＣ更容易透過臭氧層降臨到地面。因此，黃色人種的我們，當然也會遭受到損害。

更可怕的是，皮膚癌的初期階段，看起來與一般的斑點、黑痣沒什麼兩樣。但是平常黑痣的部分因紫外線而形成突變，就會變成癌。

一旦形成皮膚癌，連病巢部周邊的皮膚都需要大量切除。

考慮到這個問題，爲了保護美麗的自然肌膚，爲了保護自己的生命，一定要認真地做好紫外線對策。

●蔬菜對肌膚不好嗎？

紫外線之害成爲人類的公敵，但是成爲皺紋、斑點、鬆弛的原因不只是太陽光線而已。

例如蔬菜，一般人認爲生菜沙拉、蔬菜汁是創造美肌的最佳菜單。像現在流行的胡蘿蔔汁，因爲能夠攝取到大量的胡蘿蔔素，因此十分的方便。但是胡蘿蔔中含有抗壞血酸氧化酶，具有破壞維他命C的作用。攝取純胡蘿蔔汁，會使得能夠抑制黑色素生成、防止斑點形成的維他命C無法奏效。如果早餐喝胡蘿蔔和橘子混合的果菜汁，再吃富含維他命C的沙拉，則恐怕預防斑點的效果蕩然無存。

除了胡蘿蔔以外，小黄瓜、南瓜等也含有抗壞血酸氧化酶。

斑點的對策是要充分攝取含有維他命C的食品，因此不要和胡蘿蔔汁一併攝取。必須隔一段時間再攝取，否則維他命C無法產生效果。

此外，深受女性喜愛的健康、減肥食品——沙拉，有時也要注意其吃法。

生菜沙拉的蔬菜多半爲西洋芹、荷蘭芹、紅心藜等香氣極强的芹科蔬菜，持續食用這一類的蔬菜，則會在體內形成容易與紫外線反應的物質，一旦蓄積這些物質，就會形成即使接受少許紫外線也會長斑點的體質。

構成人體的主要成分是蛋白質。肉、魚、大豆食品、穀類中所含的蛋白質，如果不能夠均衡地攝取，則會缺乏成爲皮膚根源的蛋白質，肌膚容易乾燥、鬆弛。

因此，均衡地攝取營養，才能夠擁有滋潤、具有彈性的肌膚。

再回到蔬菜的話題，必須要探討殘留農藥的問題。

最近妳是否注意到被蟲吃的蔬菜呢？

以前，剝開高麗菜葉，會發現兩側有小的青蟲，花菜莖上也常殘留一些剛產下的小卵。

但是，最近市售的蔬菜外觀美麗，沒有被蟲吃過的痕跡，最大的原因就在於使用農藥。

目前國內許可的農藥，雖然不能說完全無害，但是不會對健康造成重大的傷害。

不過，許多被認可的農藥中，內含會增强皮膚光線感受性的物質。如果這些農藥慢慢地蓄積在體內，則只要接受日曬，就會引起皮膚炎。

事實上，在農家工作的人，有不少人因爲農藥而罹患日光皮膚炎，形成斑點。

我們的預防方法是，即使價格貴了一些，也要儘量地選用無農藥蔬菜。

如果不得已要吃市售的蔬菜時，也一定要用水沖洗乾淨，就能夠去除大部分的殘留農藥。如果要吃的安全而又美味，一定要用水將蔬菜沖洗乾淨。

●洗面皂會形成斑點

創造美麗的肌膚是始於洗臉，終於洗臉。仔細洗臉，徹底清除掉肌膚上的污垢，才能夠擁有自然美麗的肌膚。

人類的健康體經常是保持弱鹼性的狀態，而自然肌膚的PH平衡則完全相反，是保持五・四～五・七左右的弱酸性。

當肌膚表面呈現弱鹼性時，附著於表面的細菌開始旺盛地活動，會成爲面皰或腫疱的原因，也會形成斑點。

另一方面，市售的洗面皂、洗髮精，幾乎都是鹼性物品。這一型的洗面皂，在洗過臉經過一段時間之後，感覺緊繃，但是，只要拍一些化妝水，就沒有這種感覺了。

對於去除肌膚的污垢而言，弱鹼性的性質是不可或缺的，因此多少都會有點兒緊繃，這也是無可厚非之事。

如果使用接近肌膚的PH的弱酸性的洗面皂，則無法充分去除污垢。所以，如果不是肌膚很好的人，最好使用弱鹼性的洗面皂。

最令人不安的是，洗面皂中所含的「多餘成分」或「刺激肌膚的成分」。

例如，液體狀的洗面皂中，含有與廚房洗劑或洗衣精中所含的界面活性劑相同的物質。這些洗面皂雖然能夠去除污垢，但是一旦滲入表皮內，就會引起斑點。

同樣的，一些洗面皂中也含有防腐劑，會過度刺激自然肌膚，成爲斑點與皺紋的原因。

更令人擔心的是，價格昂貴的洗面皂。

一個數百元的高級面皂，含有與去除污垢的原有機能完全無關的成分。配合了複雜的香料、著色料，含有消除緊繃感的化學物質，反而會給予肌膚不好的刺激。

好不容易購買高價的洗面皂，想要創造美肌，結果含有多餘成分或對於肌膚有害的物質，造成斑點、皺紋增加，真是得不償失。

成分單純的洗面皂才是最好的。

與其使用特別的東西，還不如選擇價格適中的無香料、無著色的洗面皂。

●美容及按摩也要注意

在美容沙龍按摩肌膚，的確感覺很舒服。

S女士爲了放鬆身心，經常前往美容沙龍去做臉。

後來，她學會了按摩法，嘗試在自宅進行。每天就寢前進行按摩。

某日照鏡子時卻深受打擊。

眼尾附近竟然出現淡淡的斑點。

到底是怎麽一回事呢？

專業的美容師，觸摸顧客的自然肌膚，考慮當天的狀況，以及肌膚新陳代謝的週期，會以適當的強度進行按摩。

基本上是沿著肌肉，從臉的中心朝外側好像畫圖似地按摩，以不會使肌膚感覺疲勞的強度按摩，能夠促進血液循環，提高新陳代謝。

但是，自己進行不易，而S女士不了解自己的肌膚狀況，每天有如摩擦似地按摩，當然對皮膚不利。

因此，肌膚的功能衰退，成爲斑點的原因。

此外，在使用乳液按摩之前，並未完全去除掉肌膚的污垢。表皮尚殘留污垢來進行按摩，會使得污垢滲入肌膚的深處。

同時，按摩所使用之乳液的油分，也許是有害物質。

有些乳液中含有礦物油，當肌膚殘留這些油分而曬太陽時，會因爲油的氧化致形成嚴重的斑點。

化粧品專櫃的美容師會熱心地介紹商品，建議妳買高價位的按摩霜，同時會告訴妳：「只要每天耐心地按摩，一定會出現效果。」但這卻是成爲斑點、皺紋的原因。

只有當肌膚看起來乾燥、發黑或不易上妝時，爲了體貼肌膚才需要按摩。

最好選用無香料、無著色的單純乳液。

如此一來，身體與肌膚都能夠得到放鬆，重新拾回滋潤的肌膚。

另外，最好不要經常去除自然肌膚的角質。

有所謂使用「面膜」的方法，就是將面膜狀的化妝品塗抹在臉上，好像要去除污垢一般地將其撕下來。

撕下面膜之後，覺得好像脫了一層皮似的，肌膚充滿光澤。但是，原本角質應該是以新陳代謝的方式自然脫落。

即使是污垢，也不能夠以人爲的方式勉強使其脫落，否則其內側纖細的細胞就會暴露在外氣中。

應該定期前往專家那兒去除角質，以防止面皰等肌膚的問題。如果經常地去除角質，會損傷發育不良的細胞。

另外，不要自己使用去角質的面膜，否則很容易形成難以挽救的斑點與皺紋。

要請求值得信賴的美容專家幫妳去角質。在去角質的前後，一定要避免野餐或海水浴等接受日曬的行動。

●眼鏡的鏡架和小飾物也要注意

戴眼鏡的人，請摘下眼鏡，仔細地面對鏡子。

鼻梁與太陽穴附近是否因爲鏡架而發紅、發黑呢？

原本人體是透過神經，經由電氣信號而傳達指令。大家在健康的時候，是否做過心電圖或腦波呢？

利用測謊器，可以知道一個人是處於放鬆狀態，或是因爲說謊而呈現緊張狀態，這是因爲能夠接收到來自身體發出的電氣信號所致。

人類的皮膚被帶負電的電子所包圍。

一旦與化學纖維等帶有正電的電子物質接觸時，雙方會相互影響，產生發麻的刺激感。脱去成分中帶有丙烯纖維的毛衣，會感覺肌膚疼痛，理由就在於此。

不過，靜電並非完全都是這種刺激性較强的電。

例如，眼鏡架可能是由塑膠或金屬製成的。戴眼鏡時，妳不會一直感覺到發麻、刺痛的靜電感，但是肌膚與鏡架接觸的部分卻經常容易產生弱靜電。

皮膚表面發生靜電時，在真皮層的酵素受到影響，就容易使黑色素沈著。

尤其是眼鏡的大小與臉不合，或鏡架歪斜，給予皮膚的壓力不穩定時，這個部分的靜電會產生影響，成爲斑點的遠因。

此外，小飾物也是形成斑點的原因。

最近，不僅是在耳朵，很多人開始在鼻、唇、眉等處戴上小飾物，既然是直接與皮膚接觸的小飾物，當然不可能與靜電無緣。

同時，對於特定種類的金屬過敏的人，會因爲過敏性皮膚炎而形成斑點。

爲了消除這些煩惱而新開發的，就是「高須氏快速耳飾法」。

與以往穿耳洞的技術不同之處是，安裝醫療用的透明鐵弗龍管，使用專用的插入器。這個管子有如吸管，即使接觸皮膚，也不會引起過敏。

第一章　這種生活會傷害妳的肌膚

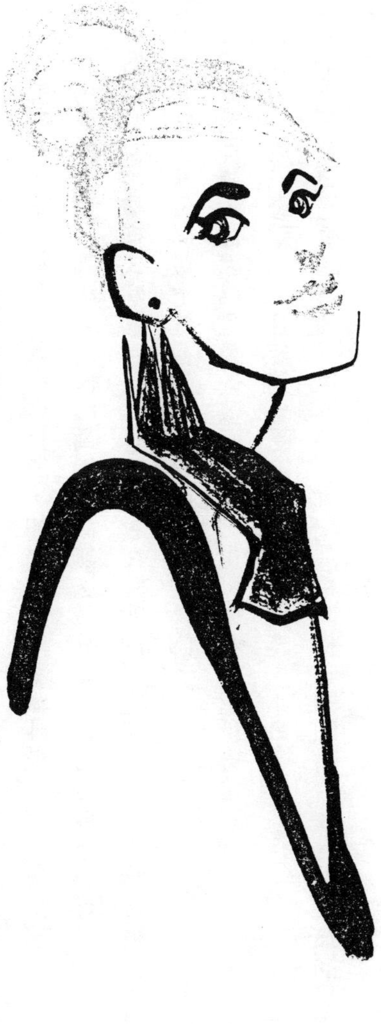

另外，將此管插入耳垂之後，再讓耳飾通過這條管子，不論耳飾的金屬為何種材質，都能夠防止過敏症的發生。

當然，由於插入這種管子，因此耳洞不會阻塞。平常穿耳洞時，穿過耳洞之後，在四～六週內必須要配戴耳環，就算耳洞完全打開，如果數週內不戴耳環，洞也會阻塞。

但是，利用這種快速耳飾法，即使因為工作而無法戴耳環，也可以取下不戴。方法很簡單。使用噴霧式麻醉，使耳垂冷卻，在瞬間即可完成。完全不會疼痛，從穿耳洞的這一天開始，就可以戴上妳喜歡的材質或設計的耳飾。

如果已經穿過耳洞，卻因為金屬過敏而苦惱，也可以利用這種方法來彌補。不用擔心過敏造成斑點，而且能夠享受追求時髦的樂趣。

即使慶幸沒有金屬過敏的煩惱，也不要一直配戴相同材質的飾物，並且不要在同樣的場所配戴。

有時也可以替換改用隱形眼鏡，花點工夫加以補救。

一旦戴眼鏡的鼻梁處出現痕跡，恐怕妳也欲哭無淚了吧！

第二章

自己能夠進行的斑點、皺紋對策

●了解自己的肌膚形態

在結束中午休息時間的一點左右，辦公室的女職員會紛紛到化妝室補妝，或用吸油紙按在T區……。有的人甚至洗臉卸妝，重新上妝。妳在一天之中，到底會重新補妝幾次呢？

一般而言，我們將從額頭線和眉際到鼻的縱線條稱爲T區。這個部分的皮脂分泌較多，隨著時間的消逝，粉底容易脱落。

相反的，眼睛四周、臉頰外側（所謂腮幫子的部分），以及口唇周圍容易乾燥。如果塗抹太厚的粉底，反而會覺得撒上白粉一般。

這些肌膚的特徵，以油分的觀點來看，大致可以分爲如下三種：

①**乾性＝乾性肌**……皮脂的分泌較少，容易形成斑點及小皺紋的肌膚。

②**油性＝油性肌**……新陳代謝旺盛、皮脂分泌較多的肌膚，容易形成腫疱與面皰，粉

底容易脱落。

③中性＝中性肌……新陳代謝適中，能適度分泌油分的一型，是最理想的肌膚性質。

「我的T區是油性，但是眼尾卻是乾性肌。」

或許妳會提出這個問題。

不必煩惱，依臉的部分的不同，肌膚性質不同的情形是很常見的。

完美的中性肌的人並不多，大部分的人都是油性與乾性肌膚同時存在。有的人因爲整體而言油性部分較多，因此使用能夠去除油性作用的化妝水，甚至連眼睛周圍容易乾燥部分的皮脂都被奪走，成爲乾燥肌、皺紋與斑點的原因。

要針對自己的肌膚性質做適當的護理，首先要了解自己的肌膚性質，依臉的部位不同，仔細檢查到底是傾向於乾性還是油性。

配合肌膚的性質，進行部分的護理，亦即重點護理是保持没有斑點、皺紋的肌膚的首要條件。

●肌膚性質不是永遠不變的

最近，不論是化妝品專櫃或美容沙龍，都會對客人進行「肌膚測試」。

「整體而言，妳是屬於油性肌，最好使用能夠去除油分、保濕力較高的化妝品。」

「妳是屬於乾性肌，最好使用能夠補充水分的化妝水，以及補充油分的乳液加乳霜。」

這是美容師給客人的一些建議。

但是，肌膚的性質會因為各種條件而改變。

如果是在忙碌於家事或工作，亦即肌膚狀況不良時，或是以季節性而言，傾向乾性肌或油性肌而去接受肌膚測試時……。

在一天當中，早晨、中午、夜晚的肌膚感覺完全不同。

以長遠的眼光來看，二十幾歲油性肌的人，到了三十幾歲時，可能會成為乾性肌。

例如，一直採用油性肌的護理方法，等到接近中性肌時，還是使用去除油分的護肌方

第二章　自己能夠進行的斑點、皺紋對策

法，則會使得已經平衡的自然肌膚傾向爲乾性肌。

此外，在乾性肌與油性肌混合的臉上，如果一律使用油性用的基礎化妝品，會使乾性肌的部分受損。

另一方面，二十八天的自然肌膚週期會對女性肌膚狀況產生很大的作用。

簡言之，就是生理期前後的肌膚狀態的差距。

「生理前感覺肌膚泛黑，等到生理期開始之後，肌膚變得最爲過敏，但是結束後的二週內，肌膚又呈現白皙的狀態。」

這是M小姐的告白。

時髦同時著重化妝的她，會配合自己肌膚的週期，分別使用三種不同的粉底。

如果以往無法使用化妝品的人，需要了解自己肌膚的平衡與週期，分別使用基礎化妝品，這是很重要的一點。

所需要的是——

①了解基本的自然肌膚的狀況。

②檢查部分的自然肌膚的特徵。

③當自然肌膚的狀態改變時，也要以不同的護理法來配合。

這就是富於彈性的肌膚護理術。

●一個月的肌膚週期

了解自己肌膚狀況的人與不了解自己肌膚狀況的人，對於肌膚週期的掌握方式，具有很大的個人差異。不過，基本上而言，女性生理期和肌膚狀況有密切的關係。

在此爲各位說明一下月經與肌膚的關係。

月經是由女性荷爾蒙當中的卵胞荷爾蒙與黃體荷爾蒙的作用而產生的。這些荷爾蒙的分泌，大約是以二十八天爲單位，出現如圖C所示的變化。

首先是月經剛過後到排卵日爲止爲「卵胞期」。卵胞荷爾蒙分泌旺盛，肌膚的新陳代謝旺盛。

其次是從排卵日到月經來臨爲止的期間，黃體荷爾蒙分泌旺盛，肌膚新陳代謝逐漸下

了解女性肌膚狀況的一月規律

（圖C）

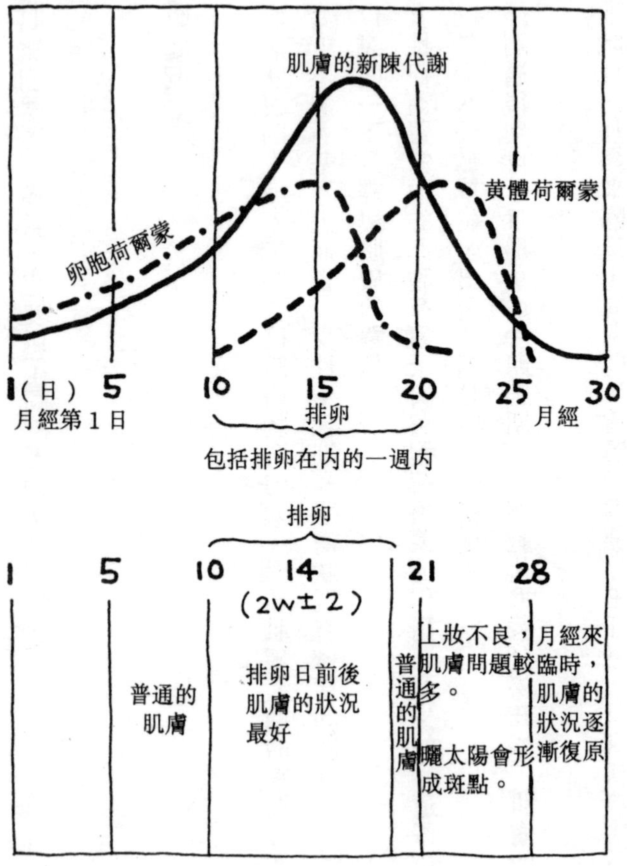

降。

換言之，女性肌膚狀況好轉是在月經開始之日以後的二週內。此時期精神狀態穩定，容易上妝。

另一方面，在排卵日以後，精神感受到壓力，而且在生理預定日的一週前，肌膚會泛黑。

前面介紹的M小姐，在生理期來臨的二～三天前，會特別注意化妝。

「這個時期會出現黑眼圈，感覺好像斑點上浮一般。」

M小姐這麼說。

對於希望永遠保持美麗的女性而言，也許在一個月內無法感受到自然肌膚的狀態會產生這些變化。不過，拜此性週期之賜，能夠保持自然肌膚的健康。

月經週期穩定的話，大致就能夠以良好的週期保持自然肌膚的健康。

相反的，一旦生理不順，荷爾蒙的分泌失調，自然肌膚的新陳代謝週期也會變得不平衡。

如果勉强減肥使生理停止，則會對肌膚或身體造成不良的影響。

●以一週為單位控制自然肌膚

因此，配合荷爾蒙的平衡，改變護肌的方法即可。

一些女演藝人員，對肌膚護理的關心度較高。她們會配合月經週期而更換化妝水或乳液。

「那麼我只要更換基礎化妝水就好了！」

如果妳有這種想法，那也未免太草率了。

當然，爲避免自然肌膚老化，考慮性週期加以護理是很重要的，但是不需要什麼特別的化妝品。

與其考慮「使用什麼」，還不如考慮「應該如何護理」，才是更實際的做法。

要避免斑點、皺紋的形成，需要在月經前一週特別注意。

這個期間，肌膚的復原力、體力減退，情緒也是處於不穩定的時期。在這個時期，與其勉强改善肌膚的狀態，還不如不要給予自然肌膚多餘的刺激較好。

黃體荷爾蒙分泌旺盛時，肌膚會像懷孕中一般的纖細，如果在這一週內不小心地曬太陽，立刻就會形成斑點。

各位在這段期間，是否有不易上妝或容易因爲不習慣使用的化妝品，而出現斑疹的經驗呢？

這段期間最好不要化妝，讓肌膚得到充分的休息。如果要使用化妝品，也要選擇平常用慣了的基礎化妝品，不要進行按摩、去角質、敷面等會造成肌膚負擔的護理方法。

就算快要形成斑點，也不要憂鬱，否則對肌膚會造成不良的影響。

應該要以大而化之的心情度過這一週的期間。

相反的，在排卵日前後的一週內，是身心、肌膚狀況都很好的時期。

這個時期，肌膚具有光澤與彈力，同時，油分、水分也能夠保持平衡。在此絶佳時期，與其在肌膚上塗抹各種物質，還不如採取自然的護理。

以洗臉爲主，保持肌膚清潔。充足的睡眠與均衡的飲食最爲重要。要以肌膚的復原力優先考量。

此外，前往海邊或山上時，最好選擇這個時期。就算會曬到太陽，但是這一週內肌膚的問題較少。

除此以外的時期，肌膚都是呈現「平平」的狀態。

當然，洗臉、基礎化妝、按摩等的護理是不可或缺的，同時，也要充分注意到日曬的問題。

在這個時期進行去角質的敷面，或前往美容沙龍按摩也無妨。

●生活形態也要和一天的肌膚規律配合

「愛睡的孩子長得大」，事實上，創造美肌也在於夜晚熟睡時間開始的。

在睡眠中，全身的熱量消耗減少，腦與內臟的活動漸趨緩和。

另一方面，皮膚的新陳代謝主要是在睡眠中進行的。

尤其夜晚十點到凌晨二點，以人體規律而言，是皮膚新陳代謝最旺盛的時間帶。

在此時間帶好好地睡眠，則積存在組織內的老廢物會由血液運送出去，取而代之的，含有豐富的氧與營養的新鮮血液會送達細胞。

第二章　自己能夠進行的斑點、皺紋對策

因爲日曬等而引起的斑點，而以利用此時間帶得到復原。

相反的，經常熬夜或原本生物體規律就紊亂的人，即使睡得再久，也無法消除疲勞。這是因爲半夜使用過多的熱量，肌膚無法充分進行新陳代謝所致。

假日的前夕熬夜，第二天一直睡到中午，這是很多人都曾經有過的經驗。但是，如此一來會造成假日疲勞。前一天晚上熬夜，反而會使疲勞殘留。

這時，妳可以照鏡子，仔細檢查自己的肌膚。

額頭、鼻側會比平常更粘，臉頰四周乾燥，肌膚狀況比平常更糟。

事實上，在休假日的前夕，應該要早睡，第二天要早起，就能夠擁有充沛的體力，同時也能夠保有美麗的肌膚。

真的在乎肌膚的人，就要養成早睡早起的習慣，同時要過著避免日曬的生活。盡可能在太陽昇起前開始活動，在紫外線最强烈的中午十二點左右不要出門，下午繼續工作，晚上早點就寢。

因爲加班或上夜班而無法在晚上十點睡覺的人，也要儘量早一點上床，擁有八小時足夠的睡眠。

睡眠不足，乃是美容的大敵。

●縮短化妝的時間

在第一章爲各位探討過，爲了防止因日曬而形成的斑點、皺紋、鬆弛，要塗抹粉底。

但是這是指在外出時或陽光下做家事時的情形。化妝時所使用的化妝品，與補充自然肌膚缺乏的水分等形成皮脂膜、幫助受損肌膚復原的基礎化妝品不同，是會增加肌膚負擔的異物。

實際上，以前化妝用的化妝品，使用大量的鉛、礦物質、油脂，會形成斑點、皺紋，嚴重時，甚至會損害健康。

現代的化妝品，塗抹於肌膚，還不會形成斑點，但是多多少少會對肌膚造成負擔。

一般市售的化妝用化妝品，有如下的注意事項。

①**粉底**……使肌膚的顏色看起來均勻，同時具有調整紋理的效用。具有不會直接接受

紫外線照射的效果，但是不宜長時間塗抹。因爲塗抹在肌膚上時，爲了容易伸展，會使用礦物油，同時也含有乳化劑、防腐劑、香料等添加物。而且是廣泛塗抹在肌膚上的化妝品，故使用時要注意。

②**粉**……粉餅或塗抹在粉底上的蜜粉，會吸收水或油分，防止脫妝。塗抹之後，產生清爽感，看起來好像化淡妝一般，是不可或缺的化妝品。細小的粒子會分散光，具有預防紫外線的作用。不過，長時間塗抹，會奪去肌膚的水分，抑制皮膚的呼吸。

③**腮紅、眼影**……含有很多會刺激肌膚的人工香料及色素，而且是塗抹在臉頰、眼瞼容易乾燥的部分，長時間塗抹，會成爲肌膚乾燥及斑點的原因。

④**口紅**……很多人的唇並未進行基礎化妝，就直接塗抹口紅。仔細檢查這些人的唇，會發現嘴唇發黑，同時好像有斑點等色素沈著的現象出現。這是因爲口紅的香料、色素損傷唇粘膜所致。

亦即化妝會成爲斑點、皺紋、鬆弛的原因。因此，儘量要縮短這些會刺激肌膚的物質殘留在臉上的時間。

第二章　自己能夠進行的斑點、皺紋對策

不外出時，就不要化妝。外出回家後，即使再累，也要趕緊卸妝。

●防止斑點、皺紋的化妝術

放眼望去，到處可見具有危險性的化妝用化妝品。

化妝後的自己，顯得格外的美麗，心情也特別的開朗。

在此傳授各位既能夠享受化妝之樂，而且不會形成斑點、皺紋的化妝術。

①化妝前先洗臉，去除表皮的污垢以及浮出的油分。

②使用基礎化妝品，不要讓化妝品直接接觸表皮，利用基礎化妝品形成皮脂膜。

③化妝用的化妝品，種類不需要太多。

也許因爲急於出門或夏天太熱而未進行基礎化妝就直接上妝，但是直接塗抹刺激較强的粉底在裸露的自然肌膚上，並不是聰明的做法。

爲了讓肌膚和化妝品之間存在薄膜，則基礎化妝是不可或缺的。

其次是粉底要儘量塗抹淡一些。如果要在粉底液上塗抹蜜粉，則要輕輕地拍打，使整個臉部的化妝品顏色均勻。

直接塗抹在表皮上，會對肌膚造成多餘的刺激。

有些粉底會使濃妝看起來有如淡妝一般，但是要注意避免塗抹過量。

最近，市面上販賣一些在粉底上再進行部分重複塗抹的彩妝化妝品，使斑點變得不明顯。不過，已經形成明顯斑點的部分，表示自然肌膚已經受損。在如此纖細的部分又塗抹這些化妝品，反而會使斑點惡化。

如果要使用這一類的化妝品，則在進行完基礎化妝之後，於感到在意的肌膚部分重點式地補妝，其他部分則使用普通的粉底，略微修飾即可。

塗口紅時，要先使用含有保濕成分的護唇膏，保護嘴唇，然後再塗口紅。

塗完口紅之後，要用衛生紙輕壓，吸取多餘的油分。

●洗臉是創造美肌的基本

避免形成斑點、皺紋最大的護理術就是：①洗臉、②基礎化妝。

在表皮的外側，隨著新陳代謝，會有一些老舊的角質及來自外界的塵垢浮在表皮。如果不完全地洗淨污垢，會破壞新陳代謝，使老舊的角質附著在表皮而難以去除。

即使不化妝，早晚的洗臉一定要認真地進行。而化妝時殘留在肌膚上的化妝品或氧化的油分、殘渣、污垢等混合，看起來更髒。

因此，當然比不化妝時，更要細心地洗臉。

我們所說的洗臉，是要使表皮乾淨，提高肌膚復原力，但是方法似乎有些困難。雖然想要認真地洗臉，但往往因爲方法錯誤，反而對肌膚造成更大的負擔。

請看圖D。

表皮從外層開始，依序由角質層、透明層、顆粒層、有棘層、基底層等五層所構成的。

皮膚的角質化　（圖D）

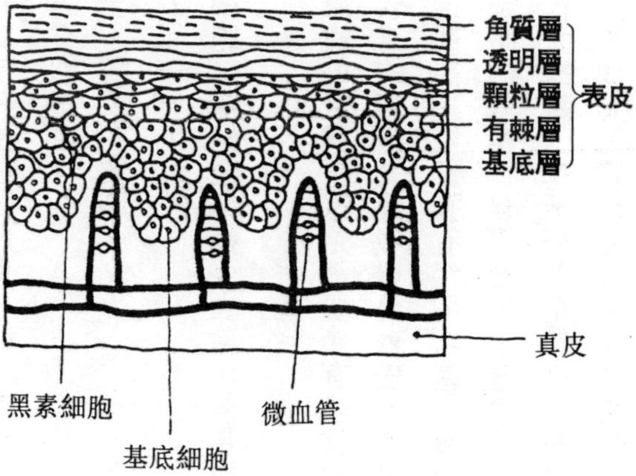

皮膚（skin）是由不斷角質化更新的表皮細胞層，以及其下方強韌的結合組織真皮所構成的。在皮膚與身體深部的肌肉等之間存在富含脂肪的皮下組織，兩者相連。

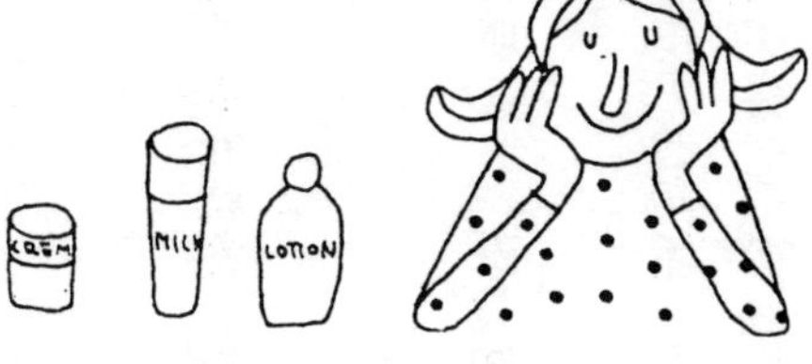

新的皮膚於最內層的基底層誕生，逐漸朝外側推擠。擠到表皮最外側的皮膚就稱爲角質。是由角質層這種蛋白質所構成的，大部分是死亡的細胞。

在此就產生問題了。

難道完全不需要角質嗎？

答案只對了一半。

死亡的細胞，當然全部都要去除，但是如果沒有角質，貯存在肌膚的水分就會被外界奪走。

要保持肌膚的滋潤，還是需要擁有適當程度的角質。

當然，老舊的細胞大量殘留於表皮，角質過度增厚，會使肌膚變得暗沈。一看就知道失去肌膚的透明感，毛細孔有污垢堵塞，會形成面皰、腫疱與小皺紋。

總之，洗臉的基本，自己要留下適度的角質，每天認真去除浮在表皮上的污垢。

與其進行大掃除，還不如著重於每天的護理。與其每週一～二次在美容沙龍徹底地護理肌膚，還不如每天正確地洗臉，才能夠防止肌膚的問題。

●雙重洗臉很棒

「不需要雙重洗臉的洗面皂」、「一次就能夠完全洗淨殘留的化妝品」，最近在市面上大爲宣傳。

當然，因商品的不同，效果也各有不同。但是，如果想要徹底地去除斑點、皺紋，還是要雙重洗臉。

所謂的雙重洗臉，並不是説要洗二次臉。

而是首先要去除化妝品的油分，再使用面皂清洗掉殘存的污垢。

〈重拾肌膚復原力的雙重洗臉技巧〉

①先把雙手洗淨

一旦手不潔，肌膚也會不乾淨。如果是使用泡沫式清潔劑，手的污垢會阻礙泡沫的形成，造成面皂的過度使用。

②去除粉底、口紅等的油分

將清潔霜或卸妝乳液等塗抹在臉上，使污垢上浮之後，再輕輕地擦掉。過度用力，會將污垢、油分擦在表皮上，表面摸起來非常的光滑。要等污垢完全浮上來，用沾有化妝水的棉花或紗布擦掉，再用溫水沖洗。

③再度洗手

去除掉沾在手上的清潔劑。

④使用面皂再洗臉一次

在手掌上放適量的面皂，摩擦起泡之後，用指腹好像推動泡沫似地來清洗。臉頰、額頭等面積較廣泛的區域，使用拇指以外的四指，鼻側及眼睛周圍，則使用食指和中指仔細清洗。

洗臉的秘訣，是從臉的中心朝外側，沿著肌肉的走向移動。這時避免過度用力。

⑤用清水沖洗

最好使用溫水來洗臉。乾性肌的人，要使用與體溫相同的溫度；油性肌的人，要使用溫度稍高的水。

第二章　自己能夠進行的斑點、皺紋對策

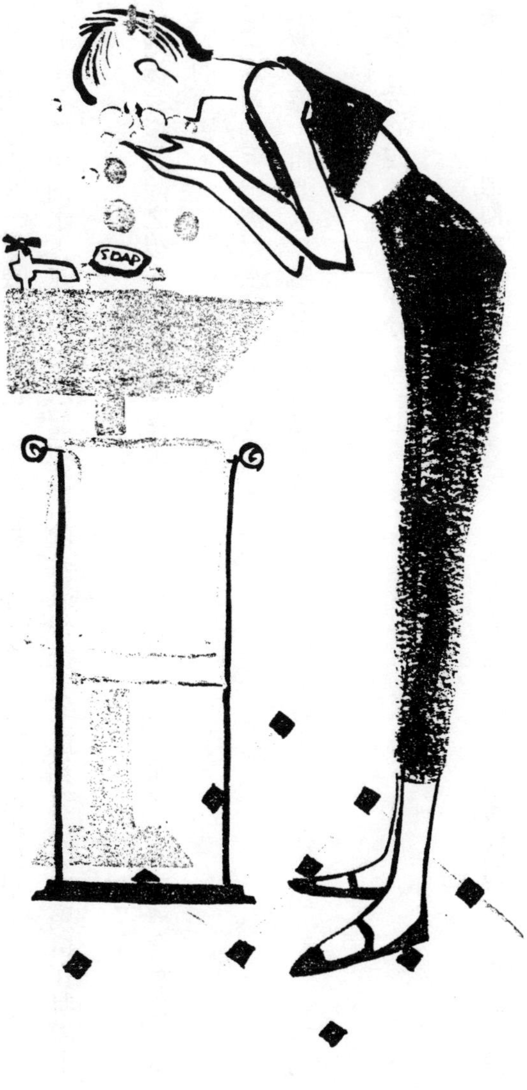

冷水會收縮毛細孔，污垢難以去除。此外，礦泉水、井水等礦物質，會對肌膚造成刺激，避免使用。如果一定要用井水洗，則最好先煮沸，將水煮軟以後再使用。

與其用盆子中的水，還不如用水龍頭流出的水來沖洗，才能夠完全去除殘留在肌膚上的肥皂。

待泡沫完全去除之後，還要仔細地洗。因爲一旦肥皂殘留在肌膚上，殘渣會氧化，是造成斑點的原因。

⑥用清潔的毛巾擦乾水分

不要摩擦，而要以按壓的方式用毛巾吸收水分，絕對不可拼命地擦拭。

●清洗容易形成斑點的部分

曬太陽後或生理期前的肌膚十分的敏感，洗臉的方法要比平常更爲簡單，而且要善待肌膚。

因爲出現斑點而慌張地過度洗臉，反而會加深斑點。

清洗容易形成斑點的部分時，要好像撫摸洗面皂的泡沫似的，溫柔地清洗。

即使擔心角質，也不可以使用洗臉刷等，要用指尖裹住纖維柔軟的紗布，好像轉動洗面皂的泡沫似的，輕輕地滑過肌膚即可。

此外，在外出回家卸妝或晚上泡澡時才使用洗面皂，一日僅止於二次。一次洗臉的時間，以三～四分鐘最爲理想。

早上起床時，因爲臉部並不是很髒，所以只要用溫水沖洗污垢即可。

在肌膚敏感時期，如果經常使用肥皂洗臉，會去除過多的肌膚油分，或使必要的角質剝落。

過猶不及，過度的洗臉，反而會損傷肌膚。

●選擇適合自己的洗面皂

在超市或藥局陳列著琳瑯滿目的洗面皂。可是要選擇適合自己的洗面皂時，就會感到迷惘了。

也許很多人認爲洗面皂比沐浴用的肥皂對肌膚更爲溫和吧！

當成洗面皂銷售的商品，有的是在沐浴用的肥皂中加入香料或著色料，有的則是考慮到對肌膚的負擔，而直接使用沐浴用的肥皂。

此外，液體狀的洗面皂，有的含有防腐劑或界面活性劑，實在難以推薦給各位使用。

而含有保濕成分的洗面皂，就洗臉的本質而言，仍然含有一些不必要的東西。

既然是洗臉，當然會清除掉一些表皮的皮脂，多少會產生一些緊繃感。如果含有保濕成分的話，可能會在洗臉之際，對肌膚造成一些不必要的刺激。

到底哪一種洗面皂最適合用來護肌呢？

遺憾的是，並不存在對任何人都適用的洗面皂。正如第一章所説明的，請各位注意以下數點：

①價格過於昂貴

②香氣太強

③泡沫太多

④添加太多滋潤成分等配合物

具有上述性質的肥皂，尤其要小心。此外，就算標榜爲植物成分或天然素材，也不能夠安心。

實際使用時，如有發癢或刺痛感，就表示不合妳的肌膚。也許妳會覺得有點浪費，但是還是要趕快丟掉它。

●磨砂洗面皂是危險的東西

另外，磨砂膏的洗臉方式，也會產生問題。

這種洗面皂放在手掌上摩起泡時，會因爲存在細小顆粒而產生粗糙感。這個粒子能夠去除積存在肌膚表面的角質，消除肌膚的暗沈。

使用磨砂膏洗臉以後，肌膚看起來較爲明亮，好像剝了一層皮似的，有清爽的感覺。但是如果每天使用，會過度地去除角質。

磨砂膏是適合油性肌、表皮較硬或容易積存角質的人使用。

由這個意義來看，對於去除積存在毛細孔發黑的污垢而言，當然能夠奏效。但是摩擦過度，會損傷纖細的表皮。

基於同樣的理由，使用洗臉刷洗臉，當然傷害肌膚的危險性也很大。用力摩擦眼睛四周和口唇周圍時，連必要的皮脂也加以去除，反而會製造皺紋。像這種例子時有所聞。

而且，洗臉刷如果不能經常保持清潔、乾燥，會成爲雜菌的溫床。即使用這樣的洗臉刷洗臉，也無法徹底地清潔肌膚。

如果一定要使用磨砂膏或洗臉刷，僅止於一週一次。用手掌將磨砂膏充分揉搓起泡，不要用力地摩擦角質，要好像以在表皮上滾動的力量來清洗。

當然，也要沖洗乾淨。

MILD SOAP

●再現女性肌膚之美的洗面皂

昔日的女性，即使不使用化妝品，也能夠保有美肌。其秘訣之一是，以前的洗面皂是「米糠」、「小紅豆粉」。

以前到公共澡堂去時，會看到店頭擺著一些「米糠袋」或「洗臉粉」。這些都是未含任何化學物質與添加物的物質，能夠溫和、洗淨肌膚。

米糠中所含的油分，能夠去除皮脂、污垢。米糠中含有維他命B、E，洗過之後，肌膚變得光滑、滋潤。

小紅豆等豆類作成的「洗臉粉」，含有皂角苷的成分，溶解於水中後會起泡。這個泡沫中含有洗淨成分，同時也含有天然油分及維他命B，洗過之後，肌膚充滿光澤。

自己也可以製作米糠袋或洗臉粉來使用。

將米糠或磨細的小紅豆粉放入雙重棉布袋中，縫合開口處。

用此袋子溫和地摩擦臉部，也可以用來泡澡。

洗過之後，用溫水沖洗乾淨，不會產生緊繃感，完全不必擔心副作用的問題。即使是過敏肌膚的人，也能夠安心地使用。

如果嫌製作米糠袋麻煩，也可以使用洗米水來洗臉，不妨一試。

●肌膚需要水分

很多女性會在國外的免稅商品店購買大量的基礎化妝品。

可能是因爲在國內購買比較昂貴的緣故吧！但是，我懷疑這些東西塗抹在肌膚上，難道完全沒有問題嗎？

的確，認真地進行基礎化妝是很重要，但是認爲使用越貴的化妝品就能夠創造美肌，那可是錯誤的想法了。

嚴格地說，塗抹越多種類的化妝品，對肌膚造成的負擔也越大。

「可是爲了避免肌膚受傷，我必須要使用基礎化妝品呀！」

也許這是妳的想法。

但是，事實上，基礎化妝品比化妝用化妝品存在更多的問題。原因大都是使用太多不必要的基礎化妝品。最好只留下適合自己肌膚的化妝品，其他的全部丟掉。

在此，必須要重新評估基礎化妝的作用。

基礎化妝品的效果有二點：

①補充水分。

②利用適量的油分在表面形成薄膜，防止水分逃散。

嬰兒的皮膚很美麗，就是因爲擁有充足的水分。老年的油分較多，但卻不如嬰兒皮膚那般的滑嫩。

如果不了解這一點，任意地使用含有很多油分的基礎化妝品，則會對肌膚造成困擾。肌膚真正需要的是水分，油分只要在表皮外側形成一層薄膜就足夠了。

●不可過度使用基礎化妝品

受損的肌膚所需要的是水分。

利用含較少香料、添加物的化妝水適度地補充水分，再抹上一層薄薄的乳液或乳霜形成薄膜，防止水分被奪走，那就綽綽有餘了。

有的人爲了追求美麗，同時使用數種基礎化妝品，但是，平常所使用的基礎化妝品，只要以下三種：

①化妝水

大致分爲鹼性化妝水與酸性化妝水。

鹼性化妝水也稱爲柔軟化妝水，能夠軟化角質，去除污垢，給予肌膚滋潤感。

酸性化妝水，則是在收斂肌膚時所使用的化妝水。從春天到夏天，皮脂和汗分泌較多時，適合使用。化妝前使用，能夠防止脫妝。

②乳液

利用化妝水補充水分的肌膚，可以藉著乳液而形成皮脂膜。乳液比乳霜含有更多的水分，能夠長時間保持滋潤感。

③乳霜

對於過了三十歲皮脂分泌較差的肌膚，冷霜能夠補充適度的油分。

雪花膏比冷霜更容易與水分溶合，可於化妝打底時使用。

此外，有人把按摩霜或清潔霜當成補充油分的乳霜來使用。但因爲原本使用的目的就不同，故最好不要這麼做。按摩用或清潔用的乳霜，大都含有礦物質，如果直接塗抹於肌膚上睡覺，會刺激肌膚，成爲斑點的原因。

此外，塗抹大量的乳霜睡覺，第二天早上會覺得肌膚光滑，而感到滿足。

但是，過度地使用基礎化妝品，以長期使用來看，對肌膚並不好。

皮膚原本具有利用皮脂腺製造自己皮膚所需要的油分的構造。但是，如果每天使用大

第二章　自己能夠進行的斑點、皺紋對策

量的乳霜，肌膚自己製造油分的功能就會喪失。

而且，因爲過度保護肌膚，使肌膚失去自淨作用、復原力，則只要接受些許的刺激，就會受傷害。就好像經常穿厚重的衣物，只要到稍微寒冷的地方去就容易感冒一樣。

由這個意義來看，在塗抹乳霜的第二天早上會奏效的基礎化妝品，應該視其是會損害肌膚的危險化妝品。雖然效果迅速，但是刺激也很強。

如果要利用乳霜、乳液等補充油分的話，量僅止於小指頭般的多，儘量少量使用。睡前塗抹的乳霜，如果到了早上還感覺殘留在臉上，就表示過度使用。基礎化妝品，只不過是幫助妳本身所擁有的肌膚復原力的後盾罷了。

注意到第二天早上感覺有一層薄薄的滋潤感，掌握對肌膚而言最適合的基礎化妝品的用量。

●舊的化妝品捨棄勿用

化妝品有使用的期限，不要因爲是高價買進而即使期限過了，仍然繼續使用。

尤其是幾乎不含有防腐劑的天然素材化妝品，一旦腐敗，就會使細菌繁殖。

如果不知道這個道理而繼續使用，會造成皮膚發炎。前來我的診所就診的Y小姐，臉頰到下巴發紅，出現了斑疹。

原來她所使用的化妝品不含防腐劑，過了一段時間之後，細菌呈酸乳酪狀於化妝品內繁殖。

Y小姐知道自己使用這種可怕的化妝品，心中一陣愕然。

化妝品和食品一樣，如果是天然素材者，則最好存放在冰箱內，同時，每一季要更新。由這一點來看，含有防腐劑的化妝品，比天然的化妝品更具持久性。但可不要因此而感到安心。

我曾詢問過廠商，對方的回答是：「未開封的三～四年，開封者二年左右就要用完。」如果標籤上寫著「對羥苯甲酸」、「脫氫醋酸」，那就代表防腐劑。

但是儘管是防腐劑，經過一段時日之後仍會變質。接觸到外氣的化妝品，油分會氧化，而鑽入手上的細菌也會鑽入化妝品中。

爲了減少變質，化妝品要保存在陽光曬不到的陰涼處。在夏季以及使用暖器的季節，化妝品更容易受損，因此要保存於冰箱內。

一旦倒出的化妝品，即使太多，也不能夠放入瓶內。太多時，不必全部塗抹在臉上，可以塗抹在手腳及脖子等處。

出外旅行，可將化妝品分裝在小容器內，但是回來後不可將剩餘的化妝品再倒回瓶中。

夏天只能夠用一季，其他的季節則可以使用半年。如果用不完，最好買小瓶包裝。依季節的不同，肌膚的狀況也會改變，故要分別使用夏季用與冬季用的化妝品。如果過了季節還用不完，就要趕緊丟掉。與其使用變質的化妝品，精神上遭受折磨，還不如花錢更換新的化妝品來使用。

●麵粉敷面具有天然的漂白效果

依照前面說明的方法，只要進行正確的洗臉加基礎化妝，不僅能夠防止新斑點形成，同時也能使剛出現的輕度斑點逐漸地變淡。

如果這麼做還是放心不下，則可採用麵粉敷面的方法。

在自己檢查肌膚的項目中，已經爲各位介紹過這個方法。這個敷面劑具有天然的漂白作用。

大家也知道，沈著於表皮內部的黑色素，只要新陳代謝旺盛，就會隨著污垢一起剝落。換言之，斑點的形成，就表示不能夠充分進行新陳代謝。

如果能夠提升肌膚原有的復原力，是否就能夠去除斑點呢？

麵粉敷面，就是基於此而想出的方法。

老實說，這個敷面法我是從老麵包師傅那兒得到啓示。

麵包師傅每天都要調麵粉，製造麵包。他們的手白皙，不會像老人一般出現斑點。

同樣的，作披薩的師傅，也擁有白皙的雙手。

數年前，報紙刊載住在羅馬的安傑洛耶奇這位披薩名人，參加在義大利北部卡斯特洛卡洛所舉行的世界披薩選手大賽。

他的手因爲能夠作出美味的披薩，而有「妖精手」之稱。事實上，他的手十分的白皙，不見任何的斑點。

仔細想想，不論作麵包或披薩都必須要使用麵粉，這一點是相同的。最初注意到這一點的法國美容師，想到將麵粉作成面膜狀塗抹在肌膚上的麵粉敷面法，實際證明具有卓效。

麵粉所具有的天然成分，能夠促進新陳代謝，同時，也具有美白效果。

「爲什麼這麼簡單的方法不推薦給大家呢？」

也許妳有這個疑問。

理由很簡單，如果這麼簡單又方便的方法一推廣，那麼化妝品公司或美容沙龍不就只好關門大吉了。

而要將其作成商品時，可能會加入蜂蜜、蜂王漿、蛋白、檸檬汁等。但是相信各位已經了解到，根本就不需要加入這些東西。

越是含有添加物，就越會刺激肌膚，形成斑點。簡言之，這與含有香料、著色料的化妝品對肌膚不好的原理是相同的。

在自宅利用麵粉敷面時，也要忠實地以簡單的方法來製作。

將二大匙的麵粉用水調成糊狀，不要以化妝水來取代。

第二章　自己能夠進行的斑點、皺紋對策

如果麵粉調得太稀，無法給皮膚適度的壓力，而且無法促進發汗作用。和市售的敷面劑同樣的，要使用毛刷自然地塗在臉上。

做好敷面劑之後，先依本書說明的要領洗臉。其次，避開眼、唇、眉毛四周，用麵粉敷面劑塗抹在臉上。十幾分鐘以後，麵粉表面會慢慢乾燥，然後不要撕下來，要用清水輕輕地沖洗掉。最後以毛巾擦乾水分，用化妝水、乳液等調整肌膚的狀態。

一週一～二次，持續麵粉敷面，肌膚就會漸漸變得白皙了。而且，這個敷面劑具有四大效能：

①能夠去除積存在表皮深處的污垢。
②促進皮膚的血液循環。
③促進發汗作用，使新陳代謝旺盛。
④調整皮膚的酸鹼值。

沒有添加物，也沒有副作用。快者數週，慢的話二～三個月，肌膚的紋理會變細，斑點也會變淡。對於輕度的斑點，具有非常好的效果。從今晚就開始實行吧！

●維他命C對斑點有效

在曬傷與紫外線之害中爲各位說明過，維他命C具有抑制黑色素沈著的作用。

事實上，除了預防之外，對於治療也能夠奏效。

原本，維他命C就具有遏止細胞機能減退、使細胞恢復青春的作用。色素沈著，就是細胞的機能衰退，新陳代謝無法充分進行所致。維他命C能夠賦予細胞活力，因此能夠擊退黑色素。

一般而言，一日的維他命C攝取量爲五十毫克，但是這是最低限度。如果要使細胞活性化，一日要攝取一公克以上。

附帶一提，一日一公克的維他命C，相當於三十個檸檬的分量，但是實際上不可能吃這麼多的檸檬，而且就算一次吃這麼多，也要擔心農藥的問題。

所幸，除了食物以外，也能夠從錠劑中攝取維他命C，總共攝取一公克的量即可。

昔日的營養學觀點認爲，大量攝取維他命C，會形成結石，但是這種說法已經被推翻了。

由於人體內無法合成維他命C，因此國人有維他命C缺乏的傾向。

因研究維他命C而著名的美國L·普林格博士，發表研究結果，說明即使一日攝取十公克的維他命C錠劑，也不會出現結石，或是出現不快感。

如果一日攝取一公克，應該是沒有問題。

維他命C能夠維持細胞年輕，使肌膚恢復青春。即使是在意的斑點，也會在不知不覺中變得不明顯。

但是，需要注意的是，由表皮吸收的維他命C並不多。

昔日，有的人為了去除斑點，會用檸檬片來敷臉。但這是很危險的作法。

因為檸檬敷臉本身是形成斑點的原因。

自然肌膚的PH為5，是弱酸性，而檸檬的PH為2，呈強酸性，直接敷臉，對於肌膚會造成傷害。

檸檬中所含的茄蛋白酶物質，是造成嚴重斑點的原因，進口檸檬添加了農藥和防腐劑，這些物質敷在臉上，當然對肌膚不好。

VC

有些市售化妝品中添加了維他命C，這是一種維他命C誘導體，是一種特別的油，能夠由表皮吸收。

但是，肌膚無法吸收的自家製檸檬敷面劑百害而無一利。基於相同的理由，有的人喜歡使用燒酒、敷面汁及蜂蜜混合作成的化妝水，但是請立刻停止這種作法。

●使肌膚復原的心理療法

心中有煩惱，臉色當然不好看。

不僅表情憂鬱，連肌膚也暗沈。

不只是外觀上的問題而已，從醫學的觀點來看，人類細胞和精神狀態也有密切的關係。

成爲斑點根源的黑色素顆粒，是由表皮基底層的黑素細胞這種色素細胞所製造出來的。

黑素細胞擁有如阿米巴原蟲似的樹枝狀突起物，其所製造的黑色素顆粒，會交給側面或上方的細胞。

這個細胞帶著黑色素顆粒不斷地往上推擠，到達外側的角質層，成爲污垢（角質脫落）。

黑素細胞會因紫外線、黑素細胞刺激荷爾蒙、副腎皮質刺激荷爾蒙、甲狀腺荷爾蒙、妊娠等而大量製造出黑色素顆粒。

在我們焦躁或煩惱時，副腎皮質刺激荷爾蒙會刺激黑素細胞刺激荷爾蒙，製造黑色素顆粒。

當我們心中感受到壓力時，表皮的細胞新陳代謝遲鈍，就會聚集很多含有黑色素顆粒的細胞，變得容易形成斑點，而且使肌膚暗沈。

例如，在同學會中，有的人肌膚充滿光澤，看起來非常年輕，有的人看起來比實際年齡更老。

這並非來自天生，而是以往的生活到底是以何種精神狀態度過之差別。

工作、家庭兼顧，生活充滿朝氣的人，肌膚當然看起來年輕。即使是生兒育女，享受家庭主婦之樂，也能夠保有年輕的肌膚。

相反的，對於工作或家事不滿，夫妻之間難以溝通，親子關係不佳，則當然無法擁有美麗的肌膚。

儘管認真地護理，但是只要擁有煩惱與壓力，就難以達成美肌的目的。

當然，人的一生不可能逃離壓力的生活，因此，要培養與壓力和睦相處的技術。

所謂病由心生。自然肌膚的問題，也能夠藉著心情的轉換而痊癒。

本書爲各位介紹三種心理療法。

●放鬆肌膚與全身的呼吸法

從精神面而言，使肌膚狀況保持良好的第一個方法，就是稱爲「内視法」的呼吸法。

看似很難理解的名稱。事實上，在日本二百年前就已經實行這種自律神經控制法。這個内視法和次項所列舉的「秘藥法」，乃是江户中期實踐臨濟禪的高僧白隱禪師所想出來的方法。

當時，聚集在白隱禪師處的修行僧們，因爲苦修而罹病或陷入神經衰弱的狀態中。爲了調整身心的平衡、恢復健康，白隱禪師傳授這個方法。

每天持續這個方法，就能夠創造能夠戰勝壓力的身心，同時也能夠使得容易形成斑點或皺紋的表皮，保持更健全的狀態。

趕緊來嘗試一下內視法吧！

看字面的解釋，就可以知道這是觀察自己內在的方法，藉此放鬆身心。

①穿著寬鬆的衣物，取下皮帶、手錶、項鍊。

②仰躺，手腳張開呈大字形，輕輕閉上眼睛。

③身體的力量從中心朝外側慢慢地放鬆。

首先，心臟穩定下來，放鬆身體中心部的力量，就會發現周邊臟器的力量也放鬆了。

④接著，放鬆脖子、鼠蹊部等關節的力量，朝外側放鬆手肘、膝、手腕、腳脖子、手指、腳趾等關節的力量。

最後放鬆全身的力量，好像全身都賴在床上或被子上了。

⑤完全放鬆力量以後，靜靜地由鼻子吸氣，稍微停止呼吸，然後好像吞下這股氣息一

般，將剩下的氣息由口中吐出。

大約持續十分鐘。不習慣時，也許覺得不易放鬆力量，但是多練習幾次，就會做得很好了。一日實行一～二次，心情平靜，而且能夠迅速消除身體的疲勞。此外，在泡澡後或睡前進行，能夠放鬆身心，得到安眠。

●使用秘藥（？）的想像訓練法

創造美肌的第二個心理療法，就是「秘藥法」。這也是白隱禪師傳下來的方法，可以看成是一種想像訓練法。

各位也許不知「秘藥」是指什麼。就是混合各種仙藥、香味極佳的神奇物質。將此物質搓成如雞蛋般大。集中心志想一件事情，則秘藥就會溶出，從頭流到肩膀、背部、胸、雙臂、腰。

當「秘藥」溶解時，會出現一個難以言喻的美妙聲音。聽此聲音，慢慢地享受溶出的

「秘藥」，則積壓在心中的煩惱、焦躁就會一掃而空，積存在體內的老廢物和毒，也能夠清除一空。這是古老文獻所記載的。

以現代的說法而言，就好像泡個花草浴似的。「秘藥法」的優點，就是利用想像力調整內臟及內分泌的機能，由內面提升肌膚的新陳代謝。

當然，在進行這個方法時，心中也要想像「秘藥」。也許妳不信這一套，但是方法很簡單，嘗試一下又何妨呢？

〈秘藥法的作法〉

①在時間充裕的時候，儘量坐在不會受到電視或外界噪音干擾的安靜房間內，開始進行。服裝與內視法相同，要穿著寬鬆的衣物，深坐在椅子上，或是盤腿坐在地板上，保持平穩的姿勢。

②輕輕閉上雙眼，想像頭上擺有「秘藥」的狀態。

這個「秘藥」最好是柔軟、能夠慢慢溶化的素材，而且具有香氣。不論什麼皆可，甚至想像和冰淇淋一般具體的東西也無妨。或是自己幻想一些物質也不錯。

決定好了「秘藥」之後，想像如橘子或雞蛋等一般大小的「秘藥」放在頭頂上。

③心中想像「秘藥」放在頭頂上的狀態。其次想像「啊！眞香，眞想吃啊！」在心中不斷地想像，直到眞的感覺到好像有香氣飄過來似的。

④感受到「秘藥」的香氣時，想像「開始溶化了，從頭到肩、從頭到胸、從頭到背部，不斷地流出」。

⑤想像「秘藥」不斷溶化的狀態，隨著「秘藥」流過的痕跡，身體會感覺到溫熱。這時，想像小皺紋、斑點隨著秘藥一起流走。

⑥在想像中，覺得溶出的「秘藥」就好像完全積存在腰周圍的狀態，感覺有如「泡溫泉」似的，非常的舒服。

⑦覺得浸泡在「秘藥」中的身體非常溫暖之後，再進行以下的想像。

「體內的毒逐漸溶出了，我的斑點和小皺紋也開始溶出了。眼尾的魚尾紋、臉頰的斑點也消失了，慢慢地消失了，肌膚非常的光滑。我的斑點和小皺紋都消失了，重新拾回美麗。」

最好花三十分鐘以上慢慢地進行這個過程。實行這個方法的修行僧曾說：「覺得從腰到腳邊的仙藥好像溫熱下半身一樣。長年的煩惱消除，內臟得到調和，非常充實，肌膚充滿光澤。」

我自己也很喜歡使用這種秘藥法，體調與肌膚的狀態良好。後來，我也建議朋友與患者嘗試這種方法。

一位四十幾歲的女性，自從六年前生產後就一直出現斑點，久久不去，我建議她改善洗臉與基礎化妝品的使用法，同時實行「秘藥法」。結果斑點變淡，她感到很欣慰。

「最初半信半疑，但是經過三個月，發現臉頰與眼尾的斑點變得不明顯。」

很多人都利用內視法與秘藥法改善肌膚。不要輕忽它的效果，務必嘗試一番。

如果斑點的產生來自壓力，則藉由放鬆心情，就能夠治療斑點。

●趕走壓力的催眠療法

要恢復因壓力而造成的精神損傷，或是提高對付壓力的抵抗力，最直接了當的方法就是睡眠。睡個飽覺，體力、氣力充實，就不會輸給壓力了。

實現美肌的第三種心理療法，就是自我催眠。自己對自己進行催眠，使身心都得到放鬆。

最初可能做得不好，但是掌握秘訣之後，隨時都能夠進入催眠狀態，需耐心地嘗試。

①躺在床上，放鬆身體的力量。

②慢慢地呼吸八次。這時，吐氣時間要比吸氣更長。

③結束深呼吸以後，在心中想八次「頭的力量放鬆」。接著想「肩膀的力量放鬆了」、「胸的力量放鬆了」，慢慢地想像的場所從腹、腰、大腿、腳脖子往下移動。和想像頭的時候同樣的，各想八次。

④經由反覆的想像，感覺到身體力量眞的放鬆了。如果覺得哪個部位的力量尚未放鬆時，要再一次從「頭的力量……」依序往下移動。等到全身的力量放鬆以後，已經進入半催眠狀態了。

⑤接著，暗示自己「肚臍上方好像放著暖水袋一樣，好溫暖」。

⑥感覺肚臍的周邊溫暖以後，在心中默念「胸、腰及腳都溫暖了」。

⑦反覆默念，就會覺得全身溫暖，躺在床上，甚至會因為感覺溫暖而流汗。

自我催眠進行到這種地步就OK了。即使沒有熟睡，但是只要身心進入完全放鬆的狀態，就能夠放鬆肌膚的緊張。

在這個催眠中，最大的關鍵就是「覺得肚臍上方好像放著暖水袋一樣，好溫暖」這句話。習慣之後，進行放鬆全身力量的一連串準備，然後在心中想像「肚臍上好像放著暖水袋一樣」，能夠立刻進入催眠狀態。

開始實行自我催眠法時，全身要達到放鬆狀態，當然需要花較長的時間。但是進行二～三週以後，就能夠掌握秘訣了。

這個方法也可以當成睡前的例行公事。同時，在工作或家事的空檔也可以進行。

例如，當工作厭倦或與丈夫、婆婆之間不和時，找一個可以個人獨處的地方避難，實行這個自我催眠法。仰躺是最理想的，不過坐在椅子上的狀態或正坐，也能夠奏效。

心中想像「肚臍上方的暖水袋……」是放鬆的關鍵，掌握這個想像來消除緊張。

一旦達到適度的放鬆，則要解除自我催眠，只要輕輕活動手腳，或大力地伸展一下即可。這時覺得好像熟睡一夜，清醒時感覺很舒服。巧妙地使用這個方法，即使實際上沒有睡著，但是心情也能夠得到放鬆。藉此能夠減輕肌膚的壓力。

●半年內讓肌膚恢復青春的劃時代萃取劑！

前面談及，洗臉、基礎化妝、麵粉敷面劑、維他命C、心理療法，對於輕度的斑點、皺紋具有明顯的效果。但是，如果是嚴重的斑點或皺紋，則要借助一些醫學方面的治療。其中，以胎盤素最受注目。

胎盤是胎兒發育不可或缺的重要組織。在母體胎內的胎兒，藉著胎盤而得到各種營養素、維他命、礦物質、氨基酸，而且也具有使胎兒細胞增殖、使生理作用活性化的功能。胎盤素是活用胎盤作用，調整肌膚狀況，治療頑固斑點、皺紋的美容藥。

提及萃取劑，很多人會想到皮膚炎、生理不順等的副作用，不過，現在因爲使用這類胎盤素而引起問題的報告並未出現。含有胎兒在出生前所需要的成分，因此，對於恢復細胞的青春而言，應該是安全的萃取劑。

其證明是，來到我的診所的患者，使用胎盤素進行治療，八成以上的人都出現明顯的效果。

不僅因爲曬傷而造成的問題，因爲上了年紀而出現的斑點，使用胎盤素幾個月後，斑點變得不明顯了。

K女士因爲化妝品與肌膚不和，出現廣大範圍的紅黑色斑點，使用胎盤素經過四～五個月之後，恢復到只要利用普通的粉底就能夠掩飾缺陷的程度。

「使用不久，就覺得肌膚變得輕鬆，血液循環順暢。」

K女士感到很驚訝，不僅擁有美肌，連眼尾部分的嚴重斑點也不明顯了。

●胎盤素的驚人效果

稍微詳述胎盤素的效果。

胎盤素，其主要成分是取自牛或黑羊等動物胎盤的萃取劑，其中所含的天然氨基酸能夠提高保濕效果，具有保持適度之皮膚水分的作用。

此外，能夠調整荷爾蒙的分泌，同時具有調整自律神經的作用，對於防止壓力性肌膚的問題有效。

由美容醫學的觀點來看，也具有如下的效果：

①**末梢血液增量作用**……給予肌膚彈力與光澤

使皮膚的血液循環順暢，促進皮膚的新陳代謝。並且能促進殘留於皮膚的老廢物之排泄，使肌膚表面光滑與滋潤。

②**呼吸賦活作用**……使肌膚的血色良好

皮膚組織的呼吸衰弱、缺氧時，細胞組織的機能減退，加速老化的進行。這些老化的皮膚，膚色暗沈，也是成爲小皺紋和鬆弛的原因。而胎盤素能夠提高表皮與真皮的機能，促進呼吸，擁有血色良好的肌膚。

③**消炎作用**……抑制斑點、皺紋

因日曬或面皰引起的發炎，會加速黑色素的沈著，成爲斑點的根源。此外，一旦皮膚的組織發炎，對於些許的刺激也無法抵抗，會加速老化的進行。

胎盤素能夠抑制皮膚組織的發炎，擁有對抗斑點、皺紋等問題的強力皮膚組織。

④促進中和鹼性的作用……調整肌膚的PH平衡

健康肌膚的皮脂膜爲弱酸性。用鹼性的面皂洗臉，肌膚會暫時出現過敏狀態。如果是健康的肌膚，短時間内就具有恢復爲弱酸性的力量。

不過，因爲曬傷而皮膚受損，或是老化脆弱的肌膚，中和鹼性的力量衰退，置之不理的話，皮膚表面的細菌容易增殖，紋理粗糙。胎盤素能夠提高孱弱肌膚的中和鹼性的能力，維持弱酸性的肌膚。

⑤促進肉芽形成，修復缺損組織作用……消除肌膚的凹凸

面皰或腫疱去除後，皮膚會出現坑洞，但是胎盤素具有幫助皮膚表面形成肉芽的作用，創造光滑的肌膚。

⑥溶解老化角質作用……防止肌膚粗糙

老化的角質放任不管，會造成皮膚的粗糙，同時，汗腺與皮脂腺會阻塞。而胎盤素能夠溶解過剩的角質，溶出皮膚的粗糙物質，就能使新陳代謝順暢地進行。

光靠洗臉或基礎化妝品難以治療的中度斑點，利用胎盤素就能夠輕易地治癒。而重度的斑點，在進行外科療法之餘，使用胎盤素，也能夠痊癒。

因爲曬傷而突然形成的輕微斑點，也可依個人的希望使用胎盤素。

治療期間依斑點程度的不同而有差別，快的話二個月，平均要花半年的時間。

聽到半年，也許妳覺得太花時間而無法忍受。關於此，爲各位介紹前述Ｋ女士的例子。

「使用胎盤素，經過二～三個月以後，覺得斑點逐漸變淡，心情也變得格外的開朗，護理肌膚也成了一大樂事。胎盤素的效果令我感到驚訝。但是，我覺得心情愉快之後，肌膚也變得格外的亮麗。」

結束半年的治療後，肌膚變美，只要化淡妝即可，表情也十分的動人。

數個月前還必須擦厚厚的粉底來掩飾斑點，但是現在已經完全判若兩人。

看到Ｋ女士爽朗的笑容，我的心情也十分的愉快。

醫學的進步

最近醫療技術情報

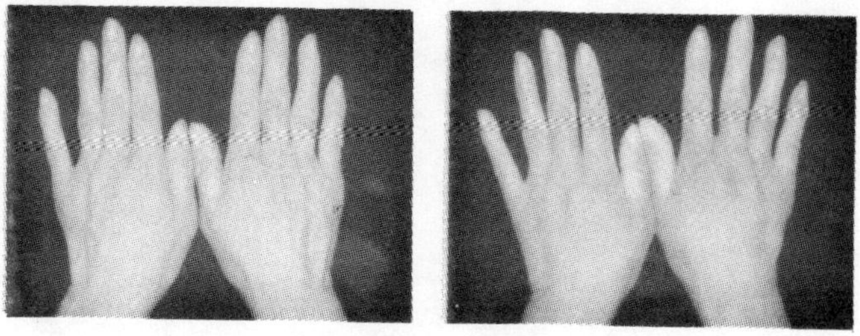

利用胎盤素去除斑點

不需要動手術，能夠改善斑點、皺紋的敷面劑「胎盤素」，安全性極高，使用半年，能夠改善症狀。照片是一位雪曬女性的眼睛周圍出現斑點（左）。使用胎盤素4個月以後如右圖所示。

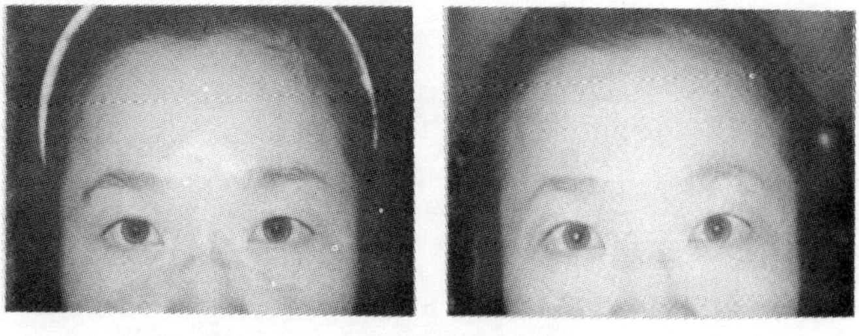

利用自體膠原蛋白治療及注入脂肪使得手恢復年輕

靜脈浮出，整個手背皺紋明顯（左），利用自體膠原蛋白給予肌膚張力，同時注入脂肪，雙手膨脹，恢復年輕。原本擔心的皺紋及上浮的靜脈，都變得不明顯了（右）。

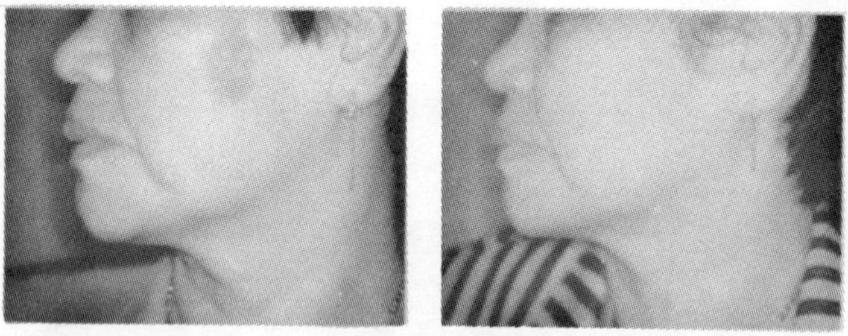

肌膚上好像撒上咖啡似的斑點，利用金綠石鐳射照射1次，就完全治癒了。

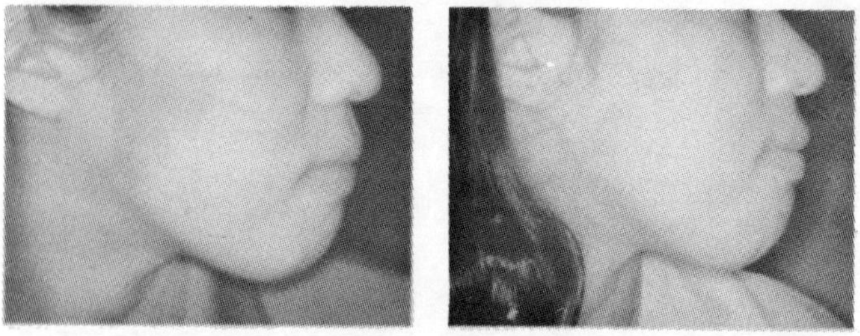

從漂白霜到眼尾出現廣範圍的紅黑色斑點。利用金綠石鐳射照射1次之後，即使不打粉底也無妨。

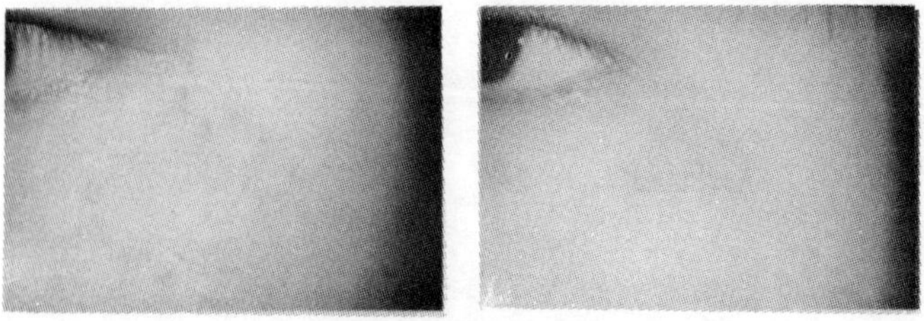

顏面色素斑的治療

散布無數細點狀的色素斑，臉頰看起好像是紅黑色的糜爛症狀。經過色素鐳射1次的照射後，黑色的部分完全消失……。

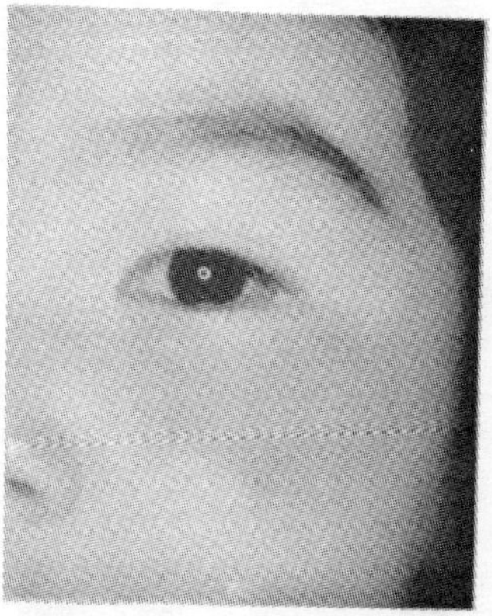

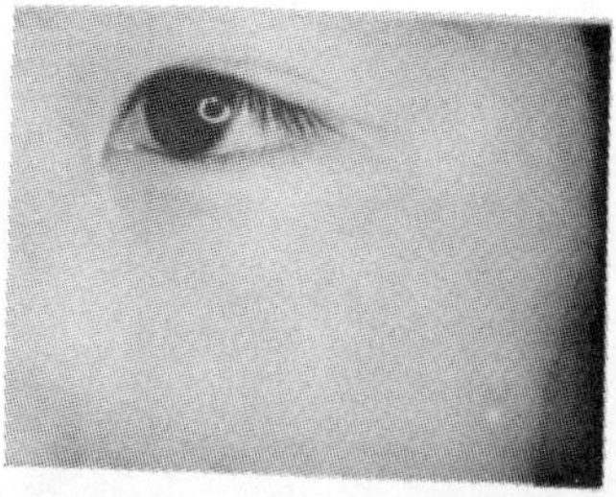

從青春期到青年期變得明顯的太田母斑，經由2次的紅寶石鐳射照射後，色素幾乎完全消失。

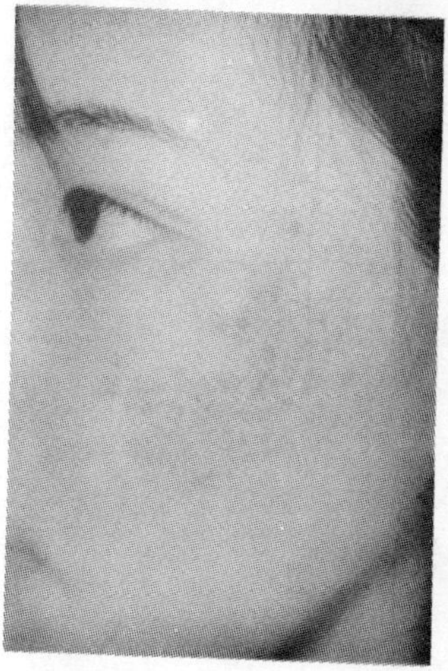

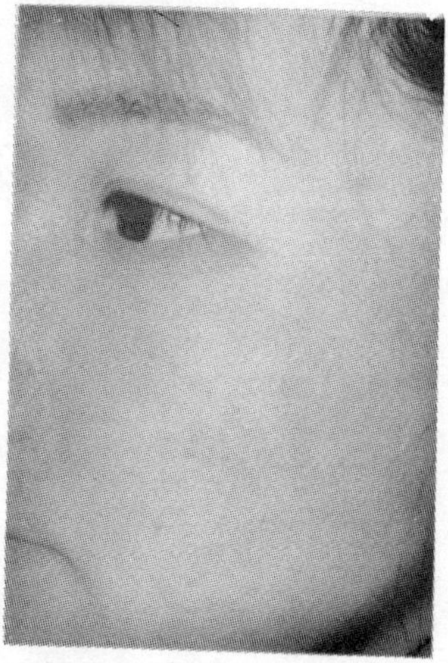

太田母斑的治療

太田母斑會隨著成長而逐漸變深，隨著年齡的增長，治療時間會拉長，儘量在較早的階段治療。出現帶狀色素沈著的太田母斑（左下），經過5次照射紅寶石鐳射之後，肌膚狀態大爲改善（右下）。

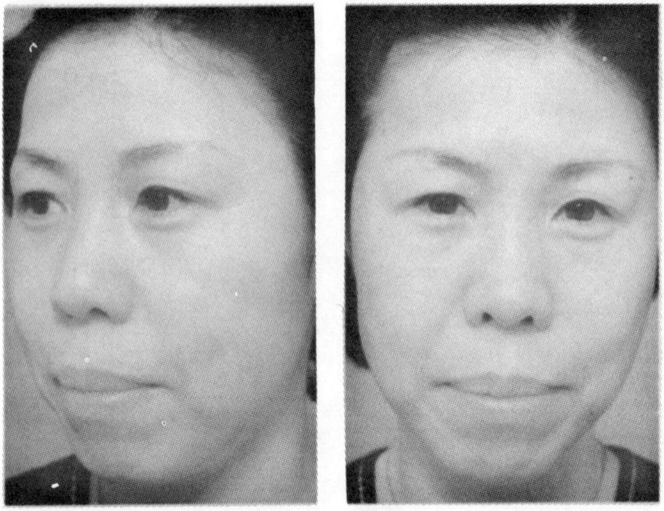

手術前整個臉部鬆弛，上眼瞼下垂。

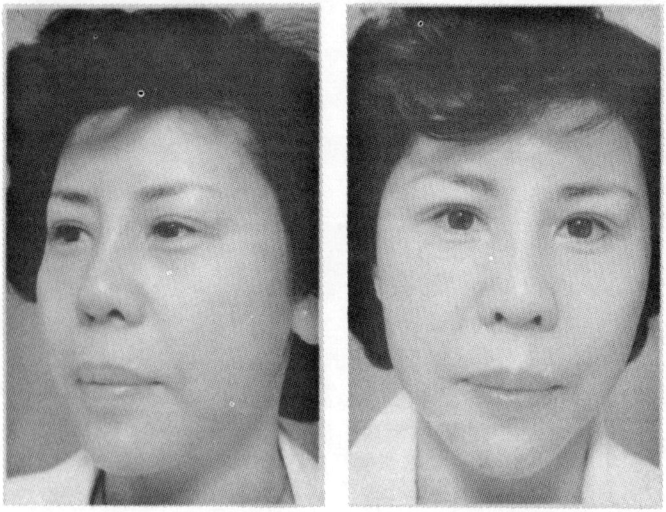

經過鐳射拉皮手術之後，肌膚整體產生張力，眼睛清晰。

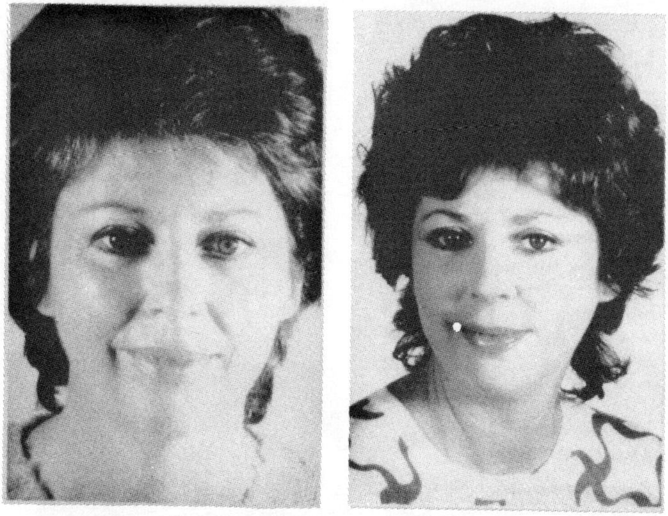

利用化學去皮法恢復青春。眼尾、口唇周圍的皺紋消失了。

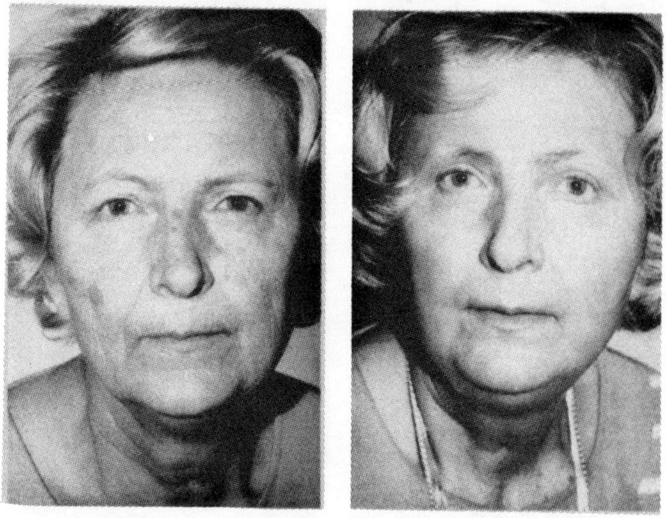

經過鐳射去皮術之後，臉上無數的皺紋與斑點消失了。

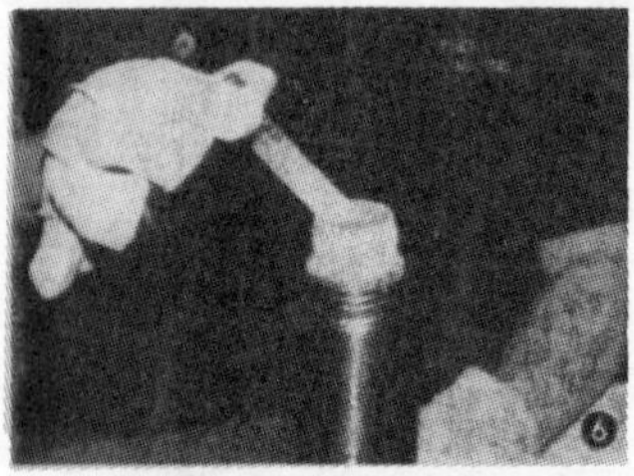

自體膠原蛋白抽出法

①由患者體內抽出的脂肪，放在超音波分解裝置中。
②分離自體膠原蛋白。白色部分爲自體膠原蛋白。
③採取自體膠原蛋白。
④利用專用的裝置瞬間冷凍。
⑤以冷凍的狀態保存。
⑥使用專用盒搬運。
⑦治療時要使用解凍的自體膠原蛋白。

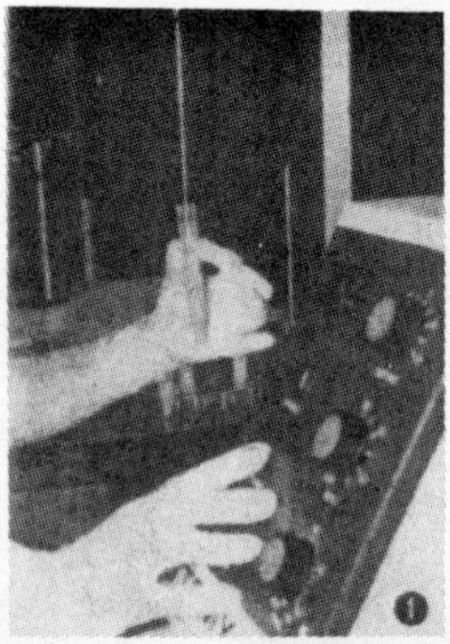

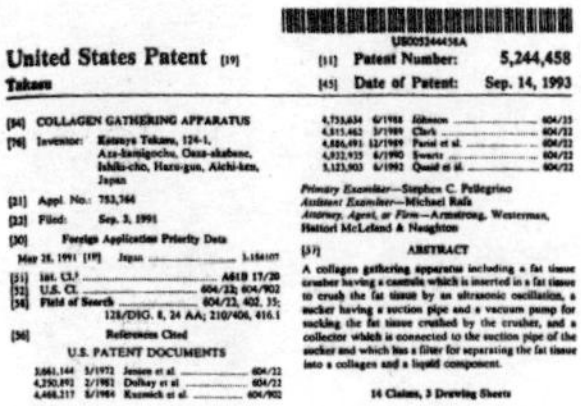

United States Patent [19]
Takasu

[11] Patent Number: 5,244,458
[45] Date of Patent: Sep. 14, 1993

[54] COLLAGEN GATHERING APPARATUS

[76] Inventor: Katsuya Takasu, 124-1, Aza-kamigochu, Oaza-akabane, Ishiki-cho, Hazu-gun, Aichi-ken, Japan

[21] Appl. No.: 753,764

[22] Filed: Sep. 3, 1991

[30] Foreign Application Priority Data

Mar. 28, 1991 [JP] Japan 3-154107

[51] Int. Cl.⁵ A61B 17/20
[52] U.S. Cl. 604/22; 604/902
[58] Field of Search .... 604/22, 402, 35; 128/DIG. 8, 24 AA; 210/406, 416.1

[56] References Cited

U.S. PATENT DOCUMENTS

3,661,144	5/1972	Jensen et al.	604/22
4,250,892	2/1981	Dolhay et al.	604/22
4,468,217	8/1984	Kuzmick et al.	604/902
4,753,634	6/1988	Johnson	604/35
4,815,462	3/1989	Clark	604/22
4,886,491	12/1989	Parisi et al.	604/22
4,932,935	6/1990	Swartz	604/22
5,123,903	6/1992	Quaid et al.	604/22

Primary Examiner—Stephen C. Pellegrino
Assistant Examiner—Michael Rafa
Attorney, Agent, or Firm—Armstrong, Westerman, Hattori McLeland & Naughton

[57] ABSTRACT

A collagen gathering apparatus including a fat tissue crusher having a cannula which is inserted in a fat tissue to crush the fat tissue by an ultrasonic oscillation, a sucker having a suction pipe and a vacuum pump for sucking the fat tissue crushed by the crusher, and a collector which is connected to the suction pipe of the sucker and which has a filter for separating the fat tissue into a collagen and a liquid component.

14 Claims, 3 Drawing Sheets

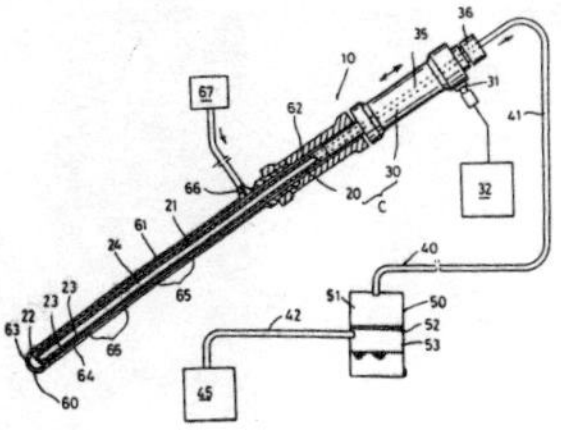

前頁所介紹的高須理論所製成的自體
膠原蛋白採取裝置得到美國專利證明

前ページで紹介した高須理論によるオートコラーゲン採取装置に対して与えられたアメリカの特許証。

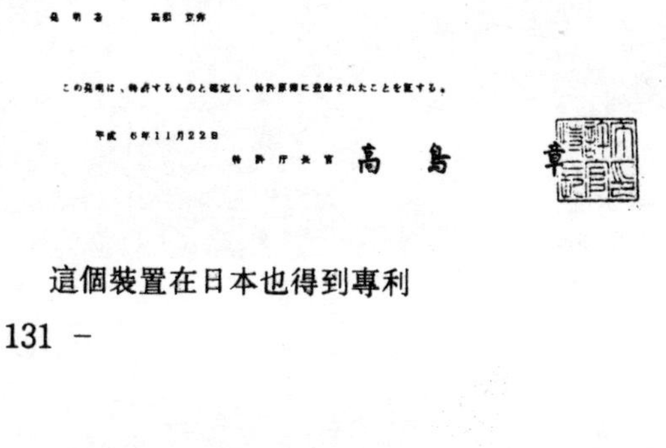

特　許　証

特許第１８８７４６７号

平成０３年　特　許　願第１５４１０７号
平成０６年特許出願公告第０１１３０９号

発明の名称　コラーゲン採取装置

特許権者　愛知県幡豆郡一色町大字赤羽字上郷中１２４－１
高須　克弥

発　明　者　高須　克弥

この発明は、特許するものと確定し、特許原簿に登録されたことを証する。

平成　６年１１月２２日

特　許　庁　長　官　高　島　　章

這個裝置在日本也得到專利

1990年在巴黎召開國際美容外科學會，發表自體膠原蛋白療法。這是在參加宴會時接受祝福的作者。

在美國費城由格拉迪將醫院所主辦的「美容外科的最尖端醫療座談會」中發表演講。

前往世界各國訪問的作者近影。在巴黎的街角。

第三章
以最新醫學恢復青春

●不要輕言放棄

輕度到中度的斑點皺紋，按照先前所說的方法，半年～一年內持續治療，多半能夠治療到不明顯的地步。

快的人只要數週，慢的人在二～三個月內，也能夠使惱人的斑點、皺紋變淡。

爲了檢查肌膚，照鏡子也成了一大樂事，每天都會等待護理肌膚的時間到來。

原本十分在意的斑點變淡了，容易上妝，肌膚從內側散發出光彩來。

「二個月以後要參加同學會，希望在此之前能夠去除眼角的魚尾紋。」

「出現斑點，心情變得很不好……」

「採用這些護理方法，恐怕無法治好臉頰的鬆弛吧！有沒有能夠迅速去除鬆弛的方法呢？」

對於這些問題，請各位稍安勿躁，聽我說明。

事實上，只要引出肌膚本身與生俱來就擁有的復原力，則永遠都能夠保持年輕的肌膚。想要迅速得到美肌，似乎過於勉强。

在自宅護理即想得到成果，當然需要付出耐力與配合的時間。不過，要靠自己的力量治癒嚴重的斑點、皺紋，似乎是不太可能的。

因此，如果想要儘早得到美肌，則可利用本章所介紹的最新美容醫學來去除斑點、皺紋與鬆弛。

在此要爲各位介紹治療自己束手無策的老化，方法安全、迅速，也是「最後的手段」。

●減少脂肪後臉變得老態

請看圖E。這是以墨西哥美容外科醫師岡札雷斯烏洛亞，他所發表的名畫爲基礎作成的插圖，表示人類的臉隨著年齡的增長會產生變化。

人類從出生到十五歲之前，實際年齡與自然肌膚的年齡一致。

由於臉型的不同，有的人的臉型較老氣，有的人則爲娃娃臉，但是應沒有自然肌膚會顯現老態的兒童。

不過，從二十歲開始，肌膚年齡就産生個人差異了。圖上的繪畫，表示平均的「老態」，但是並非任何人都如這幅圖所示，以相同的速度老化。

有的人三十歲，看起來卻像四十幾歲，有的人雖然七十幾歲，卻擁有四十幾歲的肌膚。因人而異，會出現明顯的差距。

原因就在於自然肌膚的年輕。

斑點較少，肌膚富有光澤與彈力的人，外表看起來比實際年齡更年輕。

相反的，臉頰凹陷，眼下鬆弛，就會顯得老態。

那麼，看起來老態的臉，具體而言是怎麼樣的臉呢？在此稍作説明。

皮膚的老化，就是皮下組織萎縮，脂肪減少的狀態。

請看圖E，各位就可以知道，三十幾歲層的臉尚帶有圓潤性，而八十幾歲層的臉，臉的上半部凹陷，從臉頰到下顎鬆垮。

亦即老化受到重力的影響，有由上往下移行的性質。

首先是原本圓潤具有彈性的額頭開始萎縮，皺紋變得明顯。上眼瞼和太陽穴凹陷。相

加齡所造成的臉部變化（圖E）

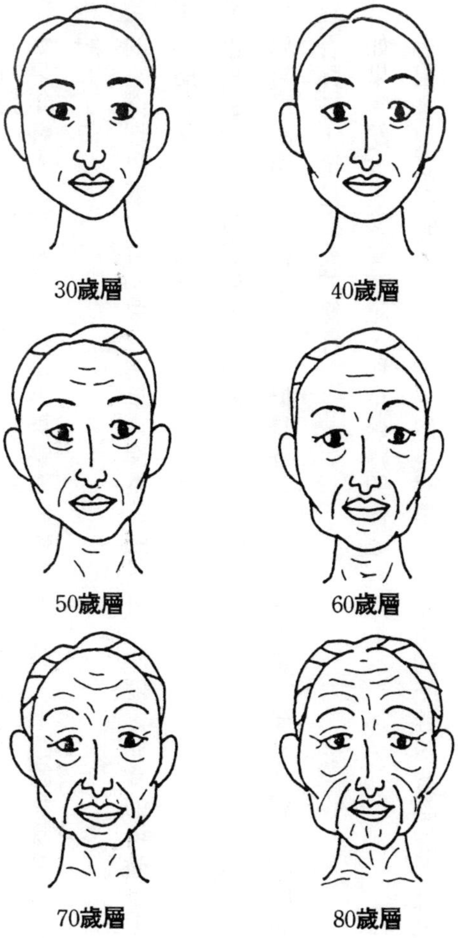

反的，下眼瞼卻開始鬆弛。

隨著老化的進行，臉頰憔悴，嘴唇下垂，下巴鬆弛等的情形都會出現。

但是，如果年輕人極端減肥，或是因爲壓力而極端消瘦時，上眼瞼和臉頰也會凹陷，突然變得年紀大了許多。

像日本的宮澤理惠或中森明菜等明星，原本臉頰具有圓潤度，非常的可愛，但是突然消瘦、失去脂肪之後，反而失去昔日的魅力了。

妳是否也是屬於這種激瘦症候群的人呢？

也許妳對自己的苗條身材很滿意，但是外觀的青春，還是需要某些程度的脂肪，使肌膚看起來具有彈性，這是必要的條件。

因此，如果年紀大了又要減肥，那是愚蠢的作法。

當然，會損害健康的肥胖是不好的，但是略帶一點脂肪的肥胖，會讓妳看起來年輕一些。

年紀比較大的人，如果在意身材而減少脂肪，則會加速皮下組織的衰退，就如同放出空氣的氣球一般，出現皺紋與鬆弛。

●利用自己的脂肪使臉部膨脹

有些年輕人比較瘦，但不見得臉部也消瘦。

脂肪組織會適度地聚集在臉頰下方與太陽穴的附近，使整個臉呈現圓形。

可是隨著年齡的增長，臉頰消瘦，太陽穴凹陷，突然顯現老態。

在前項中也略微談及，這是因爲老化的進行，使脂肪組織衰退所致。

擁有些許的脂肪，肌膚才具有彈力。如果沒有脂肪，臉頰和太陽穴的表皮就會多出來，多出來的部分就會形成皺紋，下巴的下方好像喇叭犬一樣，產生鬆弛。

就好像蓬鬆的棉被，長年使用會變得乾癟一樣。

當棉被裡面的棉花萎縮、體積減少時，被套也會變得寬鬆。妳試著將用舊的棉被放在竹竿上曬，就會發現多出來的被套會下垂，形成皺紋。

肌膚的鬆弛，就有如這乾癟之被子的狀態一般。

「只要重新換上新的棉花不就行了嗎？……那麼肌膚該如何處理呢？」

的確如此。事實上，肌膚也可以應用這個想法。

肌膚的脂肪開始衰弱之後，只要加上新的脂肪，就能夠像年輕時一樣，擁有圓潤的臉。

例如，從形成贅肉的腹部取出脂肪，經由皮下注入臉頰及太陽穴的凹陷處，能夠收縮腹部，同時使得臉頰、太陽穴豐腴，具有一石二鳥的效果。

從雙臂等不明顯的部分取出脂肪，轉用到臉上亦可。

手術所需時間爲半個小時。

不需要使用手術刀，不會留下較大的疤痕。因爲是使用由自己身體抽出的新鮮脂肪細胞，故不必擔心排斥反應。

事實上，在不久前，據說移植脂肪細胞使其固定在體內，並不是一件容易的事，所以認爲一旦取出的脂肪，無法使用在其他的部分。但是現在最尖端的醫學，已經確立了不論是取出脂肪的部分或注入的部位，都不會造成過度負擔的技術。

進行部分移植的細胞，經過一段很長的期間，仍然能夠保持肌膚的膨脹。

例如，我的診所所開發出來的最新式的採取脂肪移植裝置，幾乎有百分之百的成功

第三章　以最新醫學恢復青春

率，能夠得到妳想要的圓臉。

就好像被子內放入新的棉花，被套不會出現皺紋一樣，消瘦的臉頰與太陽穴的皺紋也會變得不明顯了。

消瘦的臉頰不僅不健康，而且予人晦暗不明的印象。由這一點來看，利用脂肪注入法使臉變圓、表情變得開朗是值得一試的。

●雖是圓形但是小皺紋明顯

整體而言比較胖，臉頰已經不能再胖的人，其肌膚也可能不具有彈力。或者是現在臉頰、眼瞼並未萎縮，可是細看之下，存在小皺紋或魚尾紋。這些人不需要注入脂肪，可以採用使皮膚本身恢復彈力的有效治療法。亦即使用自己的膠原蛋白，拉平肌膚的皺紋即可。

在第一章已經提及，真皮中含有膠原蛋白與彈力蛋白這二種蛋白質。這個蛋白質就好像高樓大廈的鋼筋一樣，將皮膚撐起來，能夠保持肌膚的彈力與張力。

膠原蛋白，在真皮中是呈纖維狀遍布的組織，能夠防止皮膚下垂、萎縮。但是，隨著年齡的增長或受到紫外線照射，膠原蛋白的纖維就會斷裂。

就好像阪神大地震一樣，支撐高架的橋墩斷裂，高速公路崩塌到地面上。如果選擇耐震性的鋼骨結構，恐怕高速公路就不會崩塌了吧！不過，事實上原本的鋼骨老朽，再加上經常承受外界強大的刺激，因此難以支撐高速公路。

肌膚的老化也是同樣的情形。

皮下組織開始稍微衰弱，肌膚內出現地基下陷的情形，長年來毫無防備地接受陽光的直射，鋼筋到處斷裂。

這個問題出現在臉上時，當然皮膚的細溝就會陷落，形成小皺紋。

而且，膠原蛋白組織一旦遭到破壞，就無法復原。支撐表皮彈力的鋼筋無法靠自己的力量加以修復，所以會不斷增加細小的皺紋。

●利用自己的膠原蛋白遏止老化

雖然不是很瘦，但是臉上出現無數的皺紋，整體而言會予人憔悴的印象。

即使仔細化妝，但是粉底卻好像粉一般地浮在臉上，有如化舞台濃妝一般。

以棉被來比喻的話，就是雖然內部的棉花蓬鬆，但是外側的被套卻是鬆垮的狀態。

前面曾經說明過，當臉的膨脹度消失時的例子，而現在則是完全相反的情形。

因爲被套的布皺巴巴的，所以即使注入脂肪，臉膨脹，可是細小的皺紋卻無法消失。

因此，要恢復被套的張力，必須補強脆弱的纖維或是換個被套。

當然，人類的皮膚不能夠像被子的被套一樣地更換，只能夠從內側補強脆弱的纖維，在較薄的部分墊上一層布，使其產生張力，這才是最好的方法。

所以，如果在出現小皺紋、細紋的表皮上，追加使用膠原蛋白，那是最好的方法。

在整體而言已經形成皺紋的表皮下方，由內側補充援軍，就能夠擁有張力，恢復青春。

第三章　以最新醫學恢復青春

不久之前，美容醫學是使用由牛的皮膚抽出的膠原蛋白，具有卓效。

但是，有些患者利用這個方法之後會出現過敏反應，這是不容否認的危險性。因此，牛的膠原蛋白只是做了肌膚測試以後體質適合的人才能夠進行。

而且，由牛身上所取出的人工膠原蛋白，是與人類不同的異種蛋白質。雖然能夠暫時使肌膚恢復彈性，但是只有三～四週或數個月而已。

人工的膠原蛋白，無法與人類原本具有的膠原蛋白組織同化。即使注入到表皮下，暫時由皮膚內吸收，可是最後還是會被排出。

解決這個問題點的劃時代治療法，就是自體膠原蛋白法。

所謂自體膠原蛋白，就是指自己的膠原蛋白。取出患者本人的膠原蛋白，注入表皮明顯衰退的部分。

因爲是取自自己體內的膠原蛋白，不會因爲異種蛋白質而產生排斥反應，而且也不會被皮膚吸收、排出，能夠長時間保持肌膚的彈力與張力。

「那麼，應該如何取出這個膠原蛋白呢？」

也許妳會感到擔心。

膠原蛋白不僅在皮膚，在真皮深處的結合組織、脂肪細胞、肌腱、軟體、胎盤中都有。

這之中，脂肪細胞含有大量的脂肪，因此只要利用最尖端的膠原蛋白精製裝置去除脂肪，就能夠抽取到大量的膠原蛋白組織。

利用這個方法，吸出腹部、大腿等脂肪過多部分的脂肪組織，分離、精製膠原蛋白組織，注入臉部小皺紋明顯的部分即可。

這個治療，是使用注射器注入膠原蛋白，時間短，而且不會殘留疤痕。安全、確實，同時也能夠恢復自然肌膚原本具有的彈力、張力，可說是自然恢復青春的技術。

●自體膠原蛋白可以保存

遺憾的是，即使進行自體膠原蛋白治療，也無法永遠保持肌膚的彈力。

進入皮下的膠原蛋白與牛的膠原蛋白不同，能夠長期、安全地保持肌膚的張力。不過，即使是良質的鋼筋，經常使用，也會逐漸磨損。

那麼，能否在年輕時進行抽脂術，取出膠原蛋白，進行半永久保存，以便日後取用呢？

基於這個想法，產生了自體膠原蛋白銀行。

就好像可以將自己的血液保存在血液銀行一樣，在需要輸血時，取出必要的成分來利用。

例如，某位女性在二十幾歲時進行腹部的抽脂手術。

這些脂肪細胞中所含的膠原蛋白，由紫外線所造成的纖維斷裂較少，充分具有使肌膚恢復彈性的力量。

可以捨棄這些脂肪細胞，只取出膠原蛋白，以零下九十度C冷凍保存。到了五十歲層、六十歲層時，亦即肌膚開始萎縮時，注入這個膠原蛋白，就能夠使肌膚恢復年輕。

不要將保存的膠原蛋白全部用完，到七十歲、八十歲時，隨時都可以取用。

這個系統是由堪稱世界先驅的法國美容外科學會會長、巴黎大學美容外科教授皮耶菲爾尼耶博士和我共同開發出來的。

現在於世界各地申請專利。在日本，已經成爲高須診所獨特的系統，開始運作。

實際問題是，這個銀行在膠原蛋白的精製、冷凍保存、管理上需要耗費極大的人力與物力。因此，僅限於登記的會員才能將膠原蛋白保存在銀行中，當然要支付保管費。

真是遺憾之至，也許要經過一段較長的時間，一般大衆才能夠輕易地利用。

希望不久之後，很多女性能以到休閒中心的心情利用膠原蛋白銀行。

一旦這個系統建立，相信世間的女性就不再因小皺紋或鬆弛而苦惱了。

●不切開皮膚使用內視鏡的拉皮手術

對於消瘦、憔悴的肌膚，可以使用注入脂肪的方法。

如果整體缺乏彈性，已經形成細小的皺紋，則使用自體膠原蛋白法。

但是，如果老化已經加速進行，表皮、皮下組織喪失彈力，整個臉的肌膚鬆弛、下垂，那麼該怎麼做才好呢？

就好像漫畫中的巫婆一樣，鼻子、臉頰、下巴都鬆弛，上眼瞼好像蓋在眼睛上似的，臉一副寒酸相。

當這種皮膚的老化進行時，光是靠注入脂肪與自體膠原蛋白的治療，無法完全恢復年輕的肌膚。

對這些人來說，拉皮技術最爲有效。

簡言之，就是將下垂的表皮連同皮下組織一起拉高到年輕時的位置。也許各位覺得有些可怕，但是能夠完全去除皺紋、鬆弛，擁有截然不同的年輕臉龐。

不過，國人像喇叭犬一樣的皮膚下垂、鬆弛的情況並不多見。

例如只要稍微將太陽穴、額頭、臉頰上部往上拉，也許就能夠恢復青春。

這種治療輕度鬆弛和皺紋的方法，已經開發出來了，就是使用內視鏡的拉皮法。

以往的拉皮手術，是從耳上通過頭頂部到相反側的耳上，將頭皮切開成半圓狀。剝下臉的表皮、肌肉、皮下組織往上拉，切除部分多餘的皮膚再復原的方法。

像歐美人一旦出現嚴重鬆弛或老化進行快速，整個臉完全下垂時，就會採用這種拉皮法。

拜醫療技術進步之賜，以及藉著頭髮的遮蓋，疤痕並不明顯。

第三章　以最新醫學恢復青春

可是，要在頭上動大刀，恐怕妳內心有所抗拒吧！

關於這一點，使用內視鏡的拉皮法，只要從髮際稍外側打開數處僅僅數公釐寬的洞，將內視鏡插入其中，只拉必要的肌肉與皮下組織即可。

由皮膚的內部移動肌肉和皮下組織，因此皮膚會自然地往上抬。

如果是輕度～中度的鬆弛或皺紋，則使用內視鏡拉皮法，就能夠恢復年輕。

而且利用內視鏡動手術，切開的傷口極小。至多只會留下如粗針筒的針的疤痕而已。當然，手術後，可利用頭髮加以遮蓋，他人根本看不到。

使用內視鏡的手術，以往是在婦女病或摘除部分腹部病巢時所使用的方法。

應用在美容醫學上，能夠減輕患者的精神負擔。

對於想要恢復青春又不想殘留疤痕的女性來說，這的確是革命性的技術。

只要不是真的快速地進行老化，則四十歲、五十歲層的女性，很適合使用這種恢復青春的方法。

●去除鬆弛的脂肪恢復年輕

根據日本厚生省的發表，一九九三年度日本人的平均壽命，男性爲七十六・二五歲，女性爲八十二・五一歲。

大家也知道日本是世界最長壽的國家。

在戰後不久，還說人生五十年，計算一下，發現原本只有五十年的壽命，現在已經提升了五〇%。

最近，像金婆婆、銀婆婆等超過百歲的老年人瑞也增加了。

爲各位訴說這麼多的重點，就是要談及皮膚的問題。

我早就有挨罵的覺悟了。我覺得即使再有元氣的老年人，肌膚也非常的衰弱。

儘管自認爲擁有美麗肌膚的金婆婆、銀婆婆，當然也不可能擁有五十幾歲的肌膚。

而老年人的肌膚中，眼睛的老化特別明顯。

本章一開始曾說，皮膚的老化是上方消瘦、下方鬆弛。

相信各位已經知道了，大部分的老年人上眼瞼的皮萎縮，下眼瞼積存脂肪，皮鬆弛。另一個明顯處是臉頰上部顴骨浮出，下巴下方的皮卻下垂。

也許各位認爲這並不奇怪，但是她們在年輕時可不會擁有這種肌膚哦！

上眼瞼有適度的膨脹，下眼瞼的下方沒有脂肪塊，也沒有鬆弛。這是她們年輕時的狀態。

不但臉頰圓潤，下巴的下方也十分清爽。

這種肌膚的衰老，從十八歲就開始發生。

通常，從二十幾歲到三十歲初頭，尚有年輕的餘韻，不會感覺眼睛與下巴的鬆弛。

但是，肌膚會隨著年齡而衰老，較快的話，在三十五歲以後到四十幾歲，就會出現眼睛的老化與雙下巴的徵兆。

有些人在年輕時，眼袋就會膨脹，這與因老化而引起的鬆弛，本質上是不同的。

事實上，在眼瞼下方的膨脹，是由肌肉組織所造成的。

當肌膚喪失彈力而形成鬆弛時，會予人不健康的印象，是不好的面相。

這時，要先從眼下的鬆弛處抽出脂肪，切除部分鬆弛的皮，在下眼瞼睫毛生長處縫合。當皮的鬆弛較少時，光是去除脂肪，就會覺得很清爽了。

接著，從下眼瞼抽出的脂肪注入上眼瞼的凹陷處，使得凹陷的眼瞼因爲注入脂肪而恢復膨脹。上眼瞼不會出現三重、四重的皺紋，使眼睛的表情變得靈活。

下巴下方所積存的脂肪，與下眼瞼的情形相同，可利用抽脂方式加以去除。

●重新保持臉部皮膚的年輕

「聽説抽脂很危險吔！」

患者們會不安地問。

的確，十幾年前的抽脂，是利用粗管或如吸塵器一般的大型裝置强力吸出在皮下組織的脂肪。

這種老方法，會使得埋入脂肪組織的血管受傷，引起内出血，可能導致結合組織受損。

同時，抽脂時所使用的管太粗，只有在抽除腹部、臀部等廣範圍的脂肪時才可以使用，除此之外，不能夠使用。

但是，在高須診所開發的新方式，完全消除這些問題點。這個技術就是使用超音波插管抽脂裝置。

這個裝置在前端帶有圓形如注射針似的吸嘴，插入皮下組織以後，避開微血管、結合組織到達脂肪細胞。

從插管的前端放出超音波，將較大的脂肪塊分解爲細小的粒子狀，在抽脂時，只抽小而破碎的脂肪，不會連根挖除周圍的細胞組織。

並不是使用好像唧筒似的抽脂機，而是使用好像抽血時所使用的注射針來抽取脂肪，開發了「注射針」技巧，因此能夠微妙地控制所抽出的脂肪量。

留下要保持肌膚張力所需要的脂肪細胞，只去除讓人感覺鬆弛的脂肪。

以往被視爲是夢想的技術，現在經由最新醫療達到了夢想。

手術剛過後皮膚留下的疤痕，只是用針刺的小洞，所以不必住院。

而且抽出的脂肪細胞，不必擔心會再增加。

這一類的抽脂或注入脂肪的技巧，就如同舊的不合身的寬鬆衣物，剪掉多餘的部分再

第三章　以最新醫學恢復青春

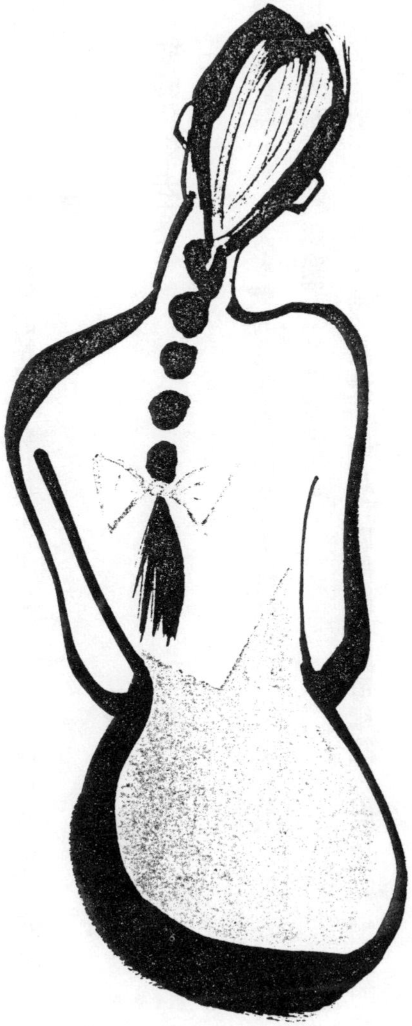

縫合，或放入墊肩調整形態一樣。

就像是重新設計衣服一樣，對身體來說，也是一種新的設計。

已經變形的服裝，儘管如何的整燙，穿起來也不合身。因此，要根本治療老化的首要條件，還是需要重建肌膚。

●治療細紋的化學去皮法

偶爾看漫畫時，發現大多數的老婆婆口唇聚集無數的細紋，引人發笑。

相信很多人都看過「陽婆婆」的短劇吧！

陽婆婆的造型，予人最深刻的印象，即是口唇周圍有數道細紋。因爲這些皺紋的存在，所以看起來更顯老態。

而這些口唇的皺紋，如果在輕度時於表皮下方注射膠原蛋白，就會變得不明顯了。

但是，如果細紋已經佈滿整個口唇，則光靠膠原蛋白治療，也難以復原。

那麼，是否只要注入脂肪即可？像猿猴一樣從鼻子下方到口唇全部膨脹，那也是不行的。

要完全治療這些細紋，只能夠削去表皮或填平凹陷處才行。就好像切菜板出現很多細小的傷痕時，則要用刨子刨掉這些傷痕一樣。

現在所使用的最大衆化的方法，就是化學去皮法。

先使用酚等特殊藥品，薄薄地塗在形成細紋的皮膚上，再利用絆創膏等膠帶固定。

這些藥品具有收斂皮膚的作用，會在皮膚表面形成一種燙傷。

數小時以後，再撕掉膠帶。這時，被酚溶解的皮膚也會一併被撕掉，因此有些許的疼痛感。但是，撕掉老舊的皮膚以後，就會出現新的光滑肌膚。

這個方法對於歐美人或皮膚白皙的人能夠展現卓效。

像日本的宮澤理惠或篠原涼子原本皮膚白皙的人，即使上了年紀形成皺紋，但是利用這種化學去皮法，也能夠迅速恢復原有的美肌。

但是同樣是黃色人種，如果皮膚屬於淺黑色的人，使用這個方法時，可能只能使得這個部分的膚色變白，或者是相反的，會出現色素沈著而變黑。

如此一來，即使去除了皺紋，也不算是擁有美肌。

皮膚淺黑的人，與其使用化學去皮法，倒不如使用削皮法較爲合適。

使用特別開發的高速旋轉銼刀，薄薄地削掉一層表皮，就是所謂的削皮法。

不同於用藥物溶解的方法，是以物理的方式削去皮膚，如果醫師的技術高明，則效果比化學去皮法更爲確實。

這個方法也可以用來治療面皰、陷凹、疤痕，使陷凹變得不明顯。

●以最尖端的鐳射去除皺紋

女性永遠都是追求美的。

「雖然使用削皮法使皺紋變得不明顯，但是嘴唇與底基的交界處還是殘留一些細紋，是否有方法能夠去除呢？」

乍看之下，十分的光滑，可是只要每天仔細檢查肌膚，還是會因爲一些小的細紋而苦惱。

這麼一來，我這一位專業人士也必須要配合女性的期待了。

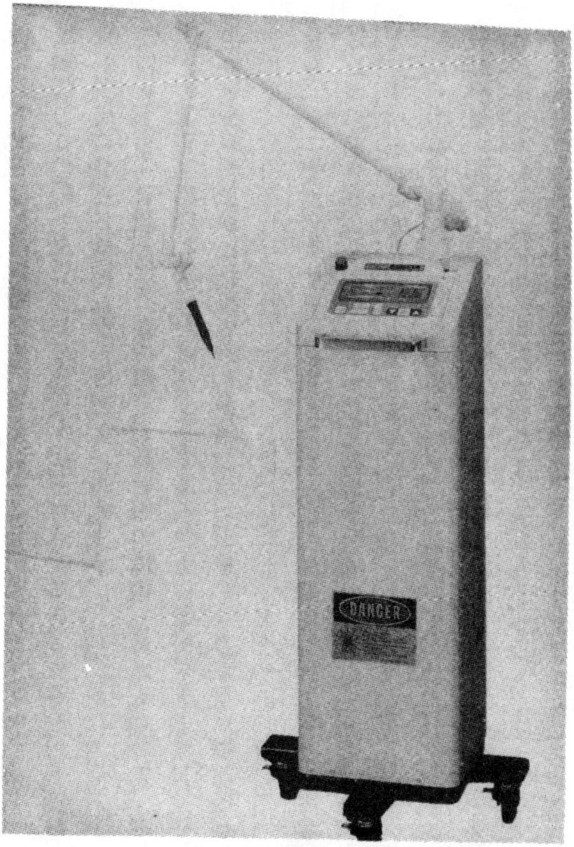

CO_2鐳射

現在，備受注目的最新技術，就是使用CO_2鐳射的「鐳射去皮法」。CO_2鐳射，是使用二氧化碳的鐳射手術。

利用電腦完全控制，將焦點縮小到一定的範圍內，於瞬間「啪」地切掉皮膚等的組織。

相反的，如果不要對準焦點，就不會切開皮膚，會薄薄地在表皮形成燙傷。

使用這種鐳射，則唇邊、鼻翼、臉頰的交界處、眼睛周圍等不易使用削皮法的纖細部分，也可以利用去皮法的方式薄薄地燒掉一層。

不會像酚一樣留下白斑、斑點，也不會像削皮法一樣會出現削皮過的痕跡。

使用鐳射去皮法使皮膚剝落，會出現新的皮膚。

就好像被電熱器燙到形成輕度燙傷一般，這個部分的薄皮會剝落，形成光滑的皮膚一樣。

照射鐳射數日內，皮膚會數度剝落，重複出現新皮再生的過程。過了第十天左右，皺紋能夠完全消除，擁有美肌。

較淺的話，只要進行一次鐳射照射，就能夠完全去除皺紋。

「如果口唇周邊的皮剝落，那不是很不雅嗎？」

這些人可以分數日採用部分照射CO_2鐳射的方法。

●不會出血的鐳射拉皮

如果抽出大量的脂肪，恐怕多餘的表皮會下垂。

即使沒有這種極端，但是皮下組織衰弱，脂肪消瘦，膠原蛋白纖維遭到破壞的肌膚，還是要進行徹底的「重新裝修作戰」，才能夠使肌膚恢復年輕。

前面提及，如果臉的上部數公釐～二公分的鬆弛，則只要利用前述的內視鏡拉皮法就能夠恢復青春。

但是，臉的皮膚整體下垂時，使用將表皮、肌肉、皮下組織整個往上拉、切除多餘皮的傳統拉皮方法，比較有效。

「可是會留下手術疤痕，不好看，因此不想動手術。」

以患者的立場而言，這種顧慮也是無可厚非之事。

拉皮法，必須從耳上到頭頂將頭皮切開半圓形，通常盡可能順著皮膚皺紋的走向切開，因此拆線經過一段時間以後，疤痕就會變得不明顯了。

但是，偶爾在縫合後持續出現內出血的現象，因爲細菌的侵入而化膿。這時，手術的疤痕難以痊癒，即使是臉部恢復青春，患者的滿足感也會減半。

爲使這一類的手術後的問題減少到最低限度，在我的診所則是利用CO_2鐳射。

去除細紋時，不要聚集焦點，薄薄地削掉一層皮膚，但是是用來拉皮的話，則必須好像刮鬍刀刃一般地凝聚焦點。

利用CO_2鐳射光從耳上到頭皮切開皮膚，不會像以往的手術刀一樣有出血的現象。皮膚切除面縫合，也不必擔心內出血的問題，而且不易腫脹，能夠防止傷痕的化膿。拆線以後經過一段時間，頭皮縫合疤痕完全消失，不用擔心。

當然，也可以自由享受各種髮型的變化。

由此可知，近年來，拉皮技術有飛躍的進步。

不再像以往一樣，只是將表皮、皮下組織、肌肉往上抬，同時將器具放入肌肉和臉骨之間的骨膜下，連骨以外的組織整個都能夠滑動。

第三章　以最新醫學恢復青春

接受這種手術之後，除了骨以外，整個臉的組織都能夠回到年輕時的位置，恢復青春。

手術後經過十年、二十年，皮膚的衰退也會較少。

四十五歲動手術的人，到了五十五歲，可能看起來比手術前的四十四歲時更爲年輕。

當然，如果要根本治療臉部的老化，則拉皮具有極大的價值。七十幾歲的人要恢復四十幾歲的年輕，可利用這個方法達成願望。

●斑點和瘀斑似是而非

也許各位不知道斑點、雀斑、瘀斑有何不同吧！

妳能夠說明其間的差異嗎？

「斑點是肌膚的老化所形成的，雀斑就好像年輕孩子臉上所長的斑點一樣，瘀斑是天生的。」

妳是這麼的認爲嗎？

以醫學的觀點來看，出生時就存在的是雀斑。由於先天的色素異常，或血管增殖而引起的是瘀斑。因爲新陳代謝衰退，使黑色素沈著在表皮與真皮的是斑點。

「咦，雀斑是天生的嗎？」

妳是否感到很詫異呢？

嬰兒的肌膚用放大鏡仔細觀察，會發現有很小的斑點，這就是雀斑的根源。

小的時候還不明顯，長大之後，色素擴展，就會出現與斑點非常類似的雀斑。

不過，這是天生的色素，不會在後天時期增加，只會增大而已。

因此，想要藉著護理肌膚而消除雀斑，那是不可能的。

但是，如果原有的雀斑、斑點同時存在時，則只要耐性地持續護理肌膚，就可以使斑點變淡。當然，整個臉的印象就會截然不同了。

即使自己無法去除，也不要放棄，要隨時使肌膚的新陳代謝旺盛。

以下介紹依成因的不同而造成的數種不同的瘀斑。

①單純性血管瘤

呈地圖狀，好像滴下葡萄酒的平坦瘀斑。

在真皮較淺處微血管異常增殖所致，爲天生的。原因不明，成長之後，顏色、大小均不變，不會遺傳。

②色素性母斑

好像沾到煤焦油似的黑色斑，或是淡褐色的平坦斑，或是比較小的斑，即所謂的黑痣。

平坦的母斑，偶爾也會惡化。

③扁平母斑

淡褐色，看起來好像是斑點擴散似的瘀斑。色素在皮膚的表層，即使成長之後，顏色、形狀也沒有變化。

由於色素沿著毛細孔深入，因此，即使進行去除色素的治療，也很難一次治癒。因爲會沿著毛細孔形成部分性的再發，故要耐心地治療。

④太田母斑

爲東方人特有。尤其是日本人較多見的瘀斑。在出生時還不明顯，不過到了青春期以後，顏色突然加深。從眼睛周圍到臉頰較多見，甚至連眼白的部分都變成青色。

原本是茶褐色的色素沈著，因爲積存在皮膚深處，故看起來好像是透明的青色。用手術去除時，褐色的瘀斑比青色的瘀斑色素更容易變淡。

●以色素鐳射去除斑點

終於要討論主要的問題斑點了……。

主要的斑點症就是：

- 表皮與真皮的交界處有色素沈著。
- 出現在真皮的上層部，不易處理。
- 成爲老人之後，紅黑色的皮膚形成斑點（老人性角化症）。

其中，成爲較多女性煩惱的斑點，就是在表皮與真皮交界處有黑色素沈著。

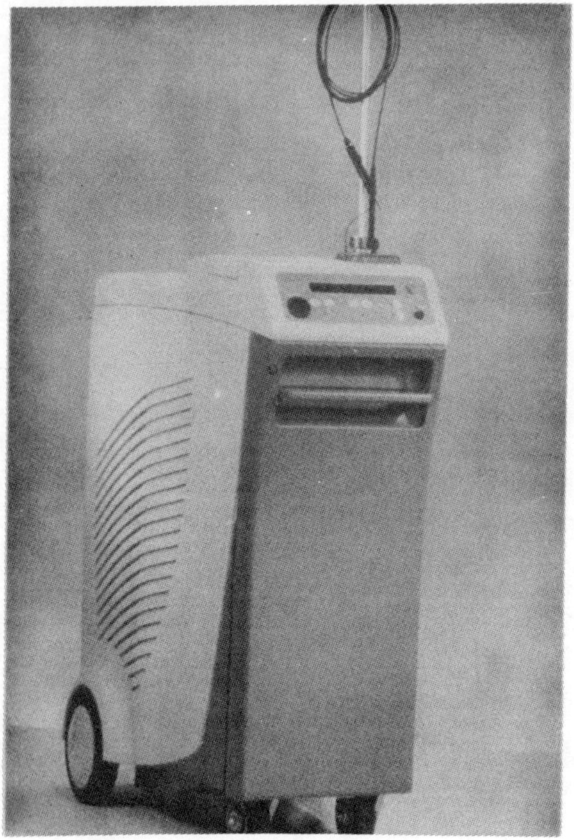

色素鐳射機械

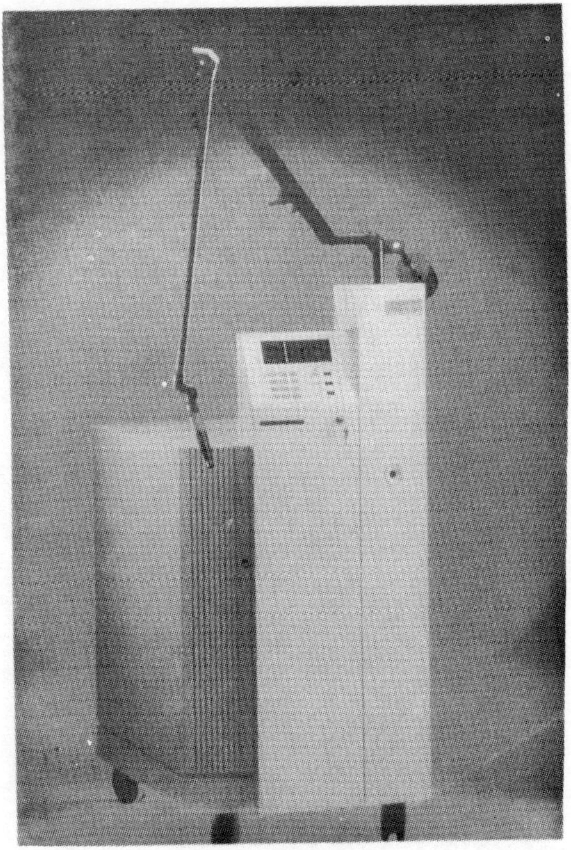

紅寶石鐳射機械

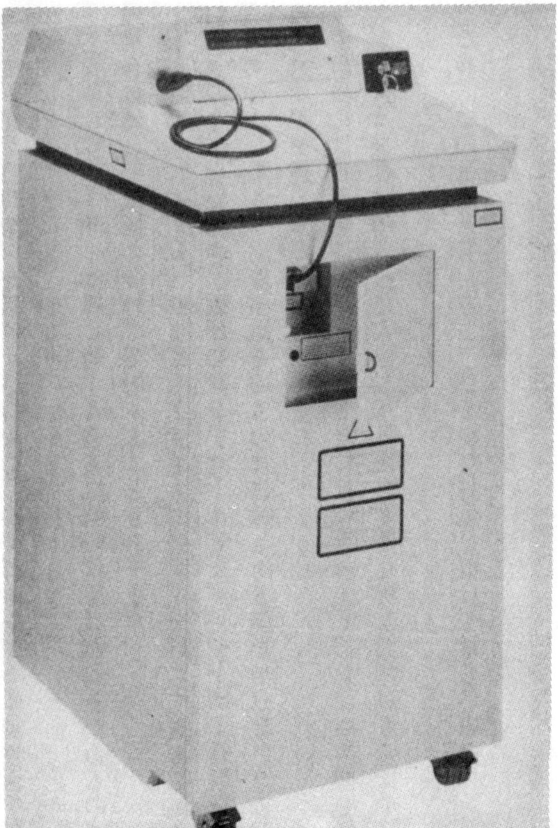

金綠石鐳射機械

以往的美容醫學，在不損傷真皮的狀況下削除表皮，或使用酚等藥物進行化學去皮法，或是直接剝下黑色素。

但是，要使用這些方法去除在臉部廣範圍形成的斑點，或到達真皮的頑固斑點，那可就不容易了。

必須覺悟到會對底肌造成負擔。要展現成果，當然也就需要花較長的時間了。

不過，隨著醫學技術的進步，已經開發出不花時間、同時減少皮膚負擔的方法。

亦即使用色素鐳射，只分解沈著的黑色素的方法。

這是利用紅寶石、金綠石等珍貴的寶石爲光源，進行鐳射，對於未形成斑點的肌膚不會造成影響，只對於沈著的黑色素產生反應，加以分解吸收。

就好像利用放大鏡聚集陽光，如果只將光源聚集在用鉛筆塗黑的部分，集結焦點，就會使白紙上的黑點燃燒一般。

色素鐳射的原理與此類似。

不論是紅色或發黑的斑點，色素鐳射只會消除選擇出來的色素，對於比較小的色素性母斑或發紅上浮的單純性血管瘤、扁平母斑、太田母斑等瘀斑，能夠發揮很好的效果。

此外，色素細胞對於鐳射光的反應具有個人差異。如果是頑固的斑點，偶爾需要分數次進行照射。

在我的診所，不論是斑點或瘀斑，不會過度地分解色素，導致膚色比底基更淡，也不會失去白皙之美，會在微妙的控制下進行鐳射。

總之，幾乎不會損傷皮膚組織，手術後可以泡澡，也可以化妝。

手術後開始化妝時，以往擔心斑點或瘀斑而化濃妝的人，只要化淡妝，斑點和瘀斑就會變得不明顯了。

手術後，要避免因爲斑點消失而又放縱自己去曬太陽。

經由色素鐳射的皮膚，黑色素被分解掉，色素很難生成。

如果掉以輕心而曬太陽，則原本斑點去除的部位會變得太白，而曬過太陽的底基比較黑，形成黑白顛倒的情況。

因此，斑點消除後，還是要多體貼自己的肌膚。

老實說，對於這些欠缺考慮的人，我不太願意爲她們施行去除斑點的手術。

一旦經由色素鐳射而消除斑點，需要注意到「不要再製造新的斑點」。

●治療隆起的老人性斑點

已故的日本前首相福田糾夫的臉，有很多隆起的斑點。

這就是一種稱爲老人性角化症的斑點。

這是白人的老人較常出現的斑點，皮膚的角質無法剝落，逐漸變硬隆起，同時這個部分有色素沈著。

通常，沈著於皮膚內部的色素，利用照射色素鐳射就能夠痊癒。但是隆起的斑點，需要利用拉皮時所使用的CO_2鐳射，實行削平的手術。

光是去除色素，可是肌膚隆起，那也是很奇怪，必須要保持與未角化的周圍皮膚相同的高度。

同樣的，比周邊皮膚更突出的黑痣，也可以利用CO_2鐳射加以去除。

例如，某位女性鼻下有一顆突出的黑痣，遠遠看起來有如沾著鼻屎一般，因而苦惱不已。

無法積極地談戀愛或工作，周邊親友都覺得她的表情憂鬱。

但是利用CO_2鐳射切除之後，對於肌膚恢復了自信，能夠積極地享受化妝之樂，而且心情也變得格外的開朗。

●使斑點變淡的漂白霜

雖然不需要照射鐳射，但如果光靠平日的護理無法抑制色素沈著，這時，我會建議患者利用漂白霜。

使用含有氫醌這種會使色素變淡的漂白霜，經過數個月到半年，斑點就會變淡了。

但是，通常患者會依自己的判斷來使用，結果因漂白過度而變得不自然。必須定期接受醫生的診斷，觀察漂白的情形來使用。

醫生一次給予患者的處方只有四週的分量，在本診所，也不會持續讓患者使用六個月以上。

像美國明星麥克傑克森等很多藝人，會使用漂白效果較高的漂白霜，但是，最好能在醫生的診斷下，依指示來使用處方。

歐美人所使用的是類似化學去皮法的漂白霜，如果一不小心按照自己的判斷來使用，會損傷表皮。有的色素去除，有的色素没有去除，膚色不均勻。

●採用持續型膠原蛋白注射保持肌膚彈力

前面曾經提及，如果是屬於過敏體質的人，則不能夠使用從牛身上抽出的膠原蛋白。

經過測試的結果，如果没有出現過敏反應，則可以利用這個人工膠原蛋白。

例如，假設臉上開始出現明顯的小皺紋，或是身體過瘦、不希望由腹部、大腿抽取脂肪細胞的人，可以採用這個方法。

此外，因爲工作關係，經常要穿泳衣或緊身衣的人，也不希望因爲抽脂而使身體某個部位凹陷。

這些人可以定期使用人工膠原蛋白。

好不容易注射人工膠原蛋白，卻因爲不耐久而感到擔心，這是必然的。不過，最近已經開發出良質高濃度持續型人工膠原蛋白。

以往的人工膠原蛋白，支撐肌膚彈力的作用只能夠維持數個月而已，而最新的持續型膠原蛋白，具有一年的效果。

利用人工膠原蛋白進行治療，和自體膠原蛋白一樣的，只有在肌膚的張力喪失時，才可以進行皮下注射。

治療疤痕不明顯，注射後不久就可以化妝了。

最新的美容醫學技術，能夠配合個人生活型態，採用能夠使肌膚變得更美麗、更年輕的方法。

不要獨自在那兒煩惱，一定要去看專門醫師。相信醫師一定會利用適合妳的療法，解決肌膚的煩惱。

高須克彌—Katsuya Takasu

1945年1月日本愛知縣生，昭和大學醫學部大學院在學中，至西德Keel大學醫學部留學。英國拉丁頓醫院、土耳其共和國陸軍醫院、巴黎的福爾尼約診療所等進修。

現在為日本十所美容外科—高須診療所院長。一面參與診療工作，同時在電視、廣播電台、雜誌等非常活躍。著有≪美容整形してみようかな≫、≪高須克彌の美容整形≫等。美國美容外科學會指導醫師、日本美容外科學會專門醫師、日本整形外科學會認定醫師、日本形成外科學會認定醫師、醫學博士。

高須倭文—Shizu Takasu

1944年12月日本愛知縣生，昭和大學醫學部畢業，同大學婦產科進修。美容外科高須診療所開設後任職於該所。

大展出版社有限公司	圖書目錄
地址：台北市北投區11204 致遠一路二段12巷1號 郵撥： 0166955～1	電話：(02) 8236031 8236033 傳眞：(02) 8272069

• 法律專欄連載 • 電腦編號 58

台大法學院 法律學系／策劃
法律服務社／編著

①別讓您的權利睡著了1	200元
②別讓您的權利睡著了2	200元

• 秘傳占卜系列 • 電腦編號 14

①手相術	淺野八郎著	150元
②人相術	淺野八郎著	150元
③西洋占星術	淺野八郎著	150元
④中國神奇占卜	淺野八郎著	150元
⑤夢判斷	淺野八郎著	150元
⑥前世、來世占卜	淺野八郎著	150元
⑦法國式血型學	淺野八郎著	150元
⑧靈感、符咒學	淺野八郎著	150元
⑨紙牌占卜學	淺野八郎著	150元
⑩ＥＳＰ超能力占卜	淺野八郎著	150元
⑪猶太數的秘術	淺野八郎著	150元
⑫新心理測驗	淺野八郎著	160元
⑬塔羅牌預言秘法	淺野八郎著	元

• 趣味心理講座 • 電腦編號 15

①性格測驗１	探索男與女	淺野八郎著	140元
②性格測驗２	透視人心奧秘	淺野八郎著	140元
③性格測驗３	發現陌生的自己	淺野八郎著	140元
④性格測驗４	發現你的真面目	淺野八郎著	140元
⑤性格測驗５	讓你們吃驚	淺野八郎著	140元
⑥性格測驗６	洞穿心理盲點	淺野八郎著	140元
⑦性格測驗７	探索對方心理	淺野八郎著	140元
⑧性格測驗８	由吃認識自己	淺野八郎著	140元

⑨性格測驗9	戀愛知多少	淺野八郎著	160元
⑩性格測驗10	由裝扮瞭解人心	淺野八郎著	140元
⑪性格測驗11	敲開內心玄機	淺野八郎著	140元
⑫性格測驗12	透視你的未來	淺野八郎著	140元
⑬血型與你的一生		淺野八郎著	160元
⑭趣味推理遊戲		淺野八郎著	160元
⑮行爲語言解析		淺野八郎著	160元

•婦幼天地•電腦編號16

①八萬人減肥成果	黃靜香譯	180元
②三分鐘減肥體操	楊鴻儒譯	150元
③窈窕淑女美髮秘訣	柯素娥譯	130元
④使妳更迷人	成　玉譯	130元
⑤女性的更年期	官舒妍編譯	160元
⑥胎內育兒法	李玉瓊編譯	150元
⑦早產兒袋鼠式護理	唐岱蘭譯	200元
⑧初次懷孕與生產	婦幼天地編譯組	180元
⑨初次育兒12個月	婦幼天地編譯組	180元
⑩斷乳食與幼兒食	婦幼天地編譯組	180元
⑪培養幼兒能力與性向	婦幼天地編譯組	180元
⑫培養幼兒創造力的玩具與遊戲	婦幼天地編譯組	180元
⑬幼兒的症狀與疾病	婦幼天地編譯組	180元
⑭腿部苗條健美法	婦幼天地編譯組	180元
⑮女性腰痛別忽視	婦幼天地編譯組	150元
⑯舒展身心體操術	李玉瓊編譯	130元
⑰三分鐘臉部體操	趙薇妮著	160元
⑱生動的笑容表情術	趙薇妮著	160元
⑲心曠神怡減肥法	川津祐介著	130元
⑳內衣使妳更美麗	陳玄茹譯	130元
㉑瑜伽美姿美容	黃靜香編著	150元
㉒高雅女性裝扮學	陳珮玲譯	180元
㉓蠶糞肌膚美顏法	坂梨秀子著	160元
㉔認識妳的身體	李玉瓊譯	160元
㉕產後恢復苗條體態	居理安・芙萊喬著	200元
㉖正確護髮美容法	山崎伊久江著	180元
㉗安琪拉美姿養生學	安琪拉蘭斯博瑞著	180元
㉘女體性醫學剖析	增田豐著	220元
㉙懷孕與生產剖析	岡部綾子著	180元
㉚斷奶後的健康育兒	東城百合子著	220元
㉛引出孩子幹勁的責罵藝術	多湖輝著	170元

㉜培養孩子獨立的藝術	多湖輝著	170元
㉝子宮肌瘤與卵巢囊腫	陳秀琳編著	180元
㉞下半身減肥法	納他夏・史達賓著	180元
㉟女性自然美容法	吳雅菁編著	180元
㊱再也不發胖	池園悅太郎著	170元
㊲生男生女控制術	中垣勝裕著	220元
㊳使妳的肌膚更亮麗	楊　皓編著	170元
㊴臉部輪廓變美	芝崎義夫著	180元
㊵斑點、皺紋自己治療	高須克彌著	180元
㊶面皰自己治療	伊藤雄康著	180元
㊷隨心所欲瘦身冥想法	原久子著	180元
㊸胎兒革命	鈴木丈織著	元

・青 春 天 地・電腦編號 17

①A血型與星座	柯素娥編譯	120元
②B血型與星座	柯素娥編譯	120元
③O血型與星座	柯素娥編譯	120元
④AB血型與星座	柯素娥編譯	120元
⑤青春期性教室	呂貴嵐編譯	130元
⑥事半功倍讀書法	王毅希編譯	150元
⑦難解數學破題	宋釗宜編譯	130元
⑧速算解題技巧	宋釗宜編譯	130元
⑨小論文寫作秘訣	林顯茂編譯	120元
⑪中學生野外遊戲	熊谷康編著	120元
⑫恐怖極短篇	柯素娥編譯	130元
⑬恐怖夜話	小毛驢編譯	130元
⑭恐怖幽默短篇	小毛驢編譯	120元
⑮黑色幽默短篇	小毛驢編譯	120元
⑯靈異怪談	小毛驢編譯	130元
⑰錯覺遊戲	小毛驢編譯	130元
⑱整人遊戲	小毛驢編著	150元
⑲有趣的超常識	柯素娥編譯	130元
⑳哦！原來如此	林慶旺編譯	130元
㉑趣味競賽100種	劉名揚編譯	120元
㉒數學謎題入門	宋釗宜編譯	150元
㉓數學謎題解析	宋釗宜編譯	150元
㉔透視男女心理	林慶旺編譯	120元
㉕少女情懷的自白	李桂蘭編譯	120元
㉖由兄弟姊妹看命運	李玉瓊編譯	130元
㉗趣味的科學魔術	林慶旺編譯	150元

㉘趣味的心理實驗室	李燕玲編譯	150元
㉙愛與性心理測驗	小毛驢編譯	130元
㉚刑案推理解謎	小毛驢編譯	130元
㉛偵探常識推理	小毛驢編譯	130元
㉜偵探常識解謎	小毛驢編譯	130元
㉝偵探推理遊戲	小毛驢編譯	130元
㉞趣味的超魔術	廖玉山編著	150元
㉟趣味的珍奇發明	柯素娥編著	150元
㊱登山用具與技巧	陳瑞菊編著	150元

•健 康 天 地•電腦編號 18

①壓力的預防與治療	柯素娥編譯	130元
②超科學氣的魔力	柯素娥編譯	130元
③尿療法治病的神奇	中尾良一著	130元
④鐵證如山的尿療法奇蹟	廖玉山譯	120元
⑤一日斷食健康法	葉慈容編譯	150元
⑥胃部強健法	陳炳崑譯	120元
⑦癌症早期檢查法	廖松濤譯	160元
⑧老人痴呆症防止法	柯素娥編譯	130元
⑨松葉汁健康飲料	陳麗芬編譯	130元
⑩揉肚臍健康法	永井秋夫著	150元
⑪過勞死、猝死的預防	卓秀貞編譯	130元
⑫高血壓治療與飲食	藤山順豐著	150元
⑬老人看護指南	柯素娥編譯	150元
⑭美容外科淺談	楊啟宏著	150元
⑮美容外科新境界	楊啟宏著	150元
⑯鹽是天然的醫生	西英司郎著	140元
⑰年輕十歲不是夢	梁瑞麟譯	200元
⑱茶料理治百病	桑野和民著	180元
⑲綠茶治病寶典	桑野和民著	150元
⑳杜仲茶養顏減肥法	西田博著	150元
㉑蜂膠驚人療效	瀨長良三郎著	150元
㉒蜂膠治百病	瀨長良三郎著	180元
㉓醫藥與生活	鄭炳全著	180元
㉔鈣長生寶典	落合敏著	180元
㉕大蒜長生寶典	木下繁太郎著	160元
㉖居家自我健康檢查	石川恭三著	160元
㉗永恒的健康人生	李秀鈴譯	200元
㉘大豆卵磷脂長生寶典	劉雪卿譯	150元
㉙芳香療法	梁艾琳譯	160元

㉚醋長生寶典	柯素娥譯	180元
㉛從星座透視健康	席拉・吉蒂斯著	180元
㉜愉悅自在保健學	野本二士夫著	160元
㉝裸睡健康法	丸山淳士等著	160元
㉞糖尿病預防與治療	藤田順豐著	180元
㉟維他命長生寶典	菅原明子著	180元
㊱維他命C新效果	鐘文訓編	150元
㊲手、腳病理按摩	堤芳朗著	160元
㊳AIDS瞭解與預防	彼得塔歇爾著	180元
㊴甲殼質殼聚糖健康法	沈永嘉譯	160元
㊵神經痛預防與治療	木下眞男著	160元
㊶室內身體鍛鍊法	陳炳崑編著	160元
㊷吃出健康藥膳	劉大器編著	180元
㊸自我指壓術	蘇燕謀編著	160元
㊹紅蘿蔔汁斷食療法	李玉瓊編著	150元
㊺洗心術健康秘法	竺翠萍編譯	170元
㊻枇杷葉健康療法	柯素娥編譯	180元
㊼抗衰血癒	楊啟宏著	180元
㊽與癌搏鬥記	逸見政孝著	180元
㊾冬蟲夏草長生寶典	高橋義博著	170元
㊿痔瘡・大腸疾病先端療法	宮島伸宜著	180元
51膠布治癒頑固慢性病	加瀨建造著	180元
52芝麻神奇健康法	小林貞作著	170元
53香煙能防止癡呆？	高田明和著	180元
54穀菜食治癌療法	佐藤成志著	180元
55貼藥健康法	松原英多著	180元
56克服癌症調和道呼吸法	帶津良一著	180元
57Ｂ型肝炎預防與治療	野村喜重郎著	180元
58青春永駐養生導引術	早島正雄著	180元
59改變呼吸法創造健康	原久子著	180元
60荷爾蒙平衡養生秘訣	出村博著	180元
61水美肌健康法	井戶勝富著	170元
62認識食物掌握健康	廖梅珠編著	170元
63痛風劇痛消除法	鈴木吉彥著	180元
64酸莖菌驚人療效	上田明彥著	180元
65大豆卵磷脂治現代病	神津健一著	200元
66時辰療法——危險時刻凌晨４時	呂建強等著	180元
67自然治癒力提升法	帶津良一著	180元
68巧妙的氣保健法	藤平墨子著	180元
69治癒Ｃ型肝炎	熊田博光著	180元
70肝臟病預防與治療	劉名揚編著	180元

⑪腰痛平衡療法	荒井政信著	180元
⑫根治多汗症、狐臭	稻葉益巳著	220元
⑬40歲以後的骨質疏鬆症	沈永嘉譯	180元
⑭認識中藥	松下一成著	180元
⑮氣的科學	佐佐木茂美著	180元

・實用女性學講座・電腦編號 19

①解讀女性內心世界	島田一男著	150元
②塑造成熟的女性	島田一男著	150元
③女性整體裝扮學	黃靜香編著	180元
④女性應對禮儀	黃靜香編著	180元
⑤女性婚前必修	小野十傳著	200元
⑥徹底瞭解女人	田口二州著	180元
⑦拆穿女性謊言88招	島田一男著	200元

・校 園 系 列・電腦編號 20

①讀書集中術	多湖輝著	150元
②應考的訣竅	多湖輝著	150元
③輕鬆讀書贏得聯考	多湖輝著	150元
④讀書記憶秘訣	多湖輝著	150元
⑤視力恢復！超速讀術	江錦雲譯	180元
⑥讀書36計	黃柏松編著	180元
⑦驚人的速讀術	鐘文訓編著	170元
⑧學生課業輔導良方	多湖輝著	180元
⑨超速讀超記憶法	廖松濤編著	180元
⑩速算解題技巧	宋釗宜編著	200元

・實用心理學講座・電腦編號 21

①拆穿欺騙伎倆	多湖輝著	140元
②創造好構想	多湖輝著	140元
③面對面心理術	多湖輝著	160元
④偽裝心理術	多湖輝著	140元
⑤透視人性弱點	多湖輝著	140元
⑥自我表現術	多湖輝著	180元
⑦不可思議的人性心理	多湖輝著	150元
⑧催眠術入門	多湖輝著	150元
⑨責罵部屬的藝術	多湖輝著	150元
⑩精神力	多湖輝著	150元

⑪厚黑說服術	多湖輝著	150元
⑫集中力	多湖輝著	150元
⑬構想力	多湖輝著	150元
⑭深層心理術	多湖輝著	160元
⑮深層語言術	多湖輝著	160元
⑯深層說服術	多湖輝著	180元
⑰掌握潛在心理	多湖輝著	160元
⑱洞悉心理陷阱	多湖輝著	180元
⑲解讀金錢心理	多湖輝著	180元
⑳拆穿語言圈套	多湖輝著	180元
㉑語言的內心玄機	多湖輝著	180元

・超現實心理講座・電腦編號 22

①超意識覺醒法	詹蔚芬編譯	130元
②護摩秘法與人生	劉名揚編譯	130元
③秘法！超級仙術入門	陸　明譯	150元
④給地球人的訊息	柯素娥編著	150元
⑤密教的神通力	劉名揚編著	130元
⑥神秘奇妙的世界	平川陽一著	180元
⑦地球文明的超革命	吳秋嬌譯	200元
⑧力量石的秘密	吳秋嬌譯	180元
⑨超能力的靈異世界	馬小莉譯	200元
⑩逃離地球毀滅的命運	吳秋嬌譯	200元
⑪宇宙與地球終結之謎	南山宏著	200元
⑫驚世奇功揭秘	傅起鳳著	200元
⑬啟發身心潛力心象訓練法	栗田昌裕著	180元
⑭仙道術遁甲法	高藤聰一郎著	220元
⑮神通力的秘密	中岡俊哉著	180元
⑯仙人成仙術	高藤聰一郎著	200元
⑰仙道符咒氣功法	高藤聰一郎著	220元
⑱仙道風水術尋龍法	高藤聰一郎著	200元
⑲仙道奇蹟超幻像	高藤聰一郎著	200元
⑳仙道鍊金術房中法	高藤聰一郎著	200元
㉑奇蹟超醫療治癒難病	深野一幸著	220元
㉒揭開月球的神秘力量	超科學研究會	180元
㉓西藏密教奧義	高藤聰一郎著	250元

・養 生 保 健・電腦編號 23

①醫療養生氣功	黃孝寬著	250元

②中國氣功圖譜	余功保著	230元
③少林醫療氣功精粹	井玉蘭著	250元
④龍形實用氣功	吳大才等著	220元
⑤魚戲增視強身氣功	宮　嬰著	220元
⑥嚴新氣功	前新培金著	250元
⑦道家玄牝氣功	張　章著	200元
⑧仙家秘傳袪病功	李遠國著	160元
⑨少林十大健身功	秦慶豐著	180元
⑩中國自控氣功	張明武著	250元
⑪醫療防癌氣功	黃孝寬著	250元
⑫醫療強身氣功	黃孝寬著	250元
⑬醫療點穴氣功	黃孝寬著	250元
⑭中國八卦如意功	趙維漢著	180元
⑮正宗馬禮堂養氣功	馬禮堂著	420元
⑯秘傳道家筋經內丹功	王慶餘著	280元
⑰三元開慧功	辛桂林著	250元
⑱防癌治癌新氣功	郭　林著	180元
⑲禪定與佛家氣功修煉	劉天君著	200元
⑳顛倒之術	梅自強著	360元
㉑簡明氣功辭典	吳家駿編	360元
㉒八卦三合功	張全亮著	230元

・社會人智囊・電腦編號 24

①糾紛談判術	清水增三著	160元
②創造關鍵術	淺野八郎著	150元
③觀人術	淺野八郎著	180元
④應急詭辯術	廖英迪編著	160元
⑤天才家學習術	木原武一著	160元
⑥猫型狗式鑑人術	淺野八郎著	180元
⑦逆轉運掌握術	淺野八郎著	180元
⑧人際圓融術	澀谷昌三著	160元
⑨解讀人心術	淺野八郎著	180元
⑩與上司水乳交融術	秋元隆司著	180元
⑪男女心態定律	小田晉著	180元
⑫幽默說話術	林振輝編著	200元
⑬人能信賴幾分	淺野八郎著	180元
⑭我一定能成功	李玉瓊譯	180元
⑮獻給青年的嘉言	陳蒼杰譯	180元
⑯知人、知面、知其心	林振輝編著	180元
⑰塑造堅強的個性	坂上肇著	180元

⑱爲自己而活	佐藤綾子著	180元
⑲未來十年與愉快生活有約	船井幸雄著	180元
⑳超級銷售話術	杜秀卿譯	180元
㉑感性培育術	黃靜香編著	180元
㉒公司新鮮人的禮儀規範	蔡媛惠譯	180元
㉓傑出職員鍛鍊術	佐佐木正著	180元
㉔面談獲勝戰略	李芳黛譯	180元
㉕金玉良言撼人心	森純大著	180元
㉖男女幽默趣典	劉華亭編著	180元
㉗機智說話術	劉華亭編著	180元
㉘心理諮商室	柯素娥譯	180元
㉙如何在公司頭角崢嶸	佐佐木正著	180元
㉚機智應對術	李玉瓊編著	200元

•精 選 系 列•電腦編號25

①毛澤東與鄧小平	渡邊利夫等著	280元
②中國大崩裂	江戶介雄著	180元
③台灣•亞洲奇蹟	上村幸治著	220元
④7-ELEVEN高盈收策略	國友隆一著	180元
⑤台灣獨立	森　詠著	200元
⑥迷失中國的末路	江戶雄介著	220元
⑦2000年5月全世界毀滅	紫藤甲子男著	180元
⑧失去鄧小平的中國	小島朋之著	220元

•運 動 遊 戲•電腦編號26

①雙人運動	李玉瓊譯	160元
②愉快的跳繩運動	廖玉山譯	180元
③運動會項目精選	王佑京譯	150元
④肋木運動	廖玉山譯	150元
⑤測力運動	王佑宗譯	150元

•休 閒 娛 樂•電腦編號27

①海水魚飼養法	田中智浩著	300元
②金魚飼養法	曾雪玫譯	250元
③熱門海水魚	毛利匡明著	元
④愛犬的教養與訓練	池田好雄著	250元

・銀髮族智慧學・電腦編號 28

①銀髮六十樂逍遙	多湖輝著	170元
②人生六十反年輕	多湖輝著	170元
③六十歲的決斷	多湖輝著	170元

・飲 食 保 健・電腦編號 29

①自己製作健康茶	大海淳著	220元
②好吃、具藥效茶料理	德永睦子著	220元
③改善慢性病健康藥草茶	吳秋嬌譯	200元
④藥酒與健康果菜汁	成玉編著	250元

・家庭醫學保健・電腦編號 30

①女性醫學大全	雨森良彥著	380元
②初爲人父育兒寶典	小瀧周曹著	220元
③性活力強健法	相建華著	200元
④30歲以上的懷孕與生產	李芳黛編著	220元
⑤舒適的女性更年期	野末悅子著	200元
⑥夫妻前戲的技巧	笠井寬司著	200元
⑦病理足穴按摩	金慧明著	220元
⑧爸爸的更年期	河野孝旺著	200元
⑨橡皮帶健康法	山田晶著	200元
⑩33天健美減肥	相建華等著	180元
⑪男性健美入門	孫玉祿編著	180元

・心 靈 雅 集・電腦編號 00

①禪言佛語看人生	松濤弘道著	180元
②禪密教的奧秘	葉逯謙譯	120元
③觀音大法力	田口日勝著	120元
④觀音法力的大功德	田口日勝著	120元
⑤達摩禪106智慧	劉華亭編譯	220元
⑥有趣的佛教研究	葉逯謙編譯	170元
⑦夢的開運法	蕭京凌譯	130元
⑧禪學智慧	柯素娥編譯	130元
⑨女性佛教入門	許俐萍譯	110元
⑩佛像小百科	心靈雅集編譯組	130元
⑪佛教小百科趣談	心靈雅集編譯組	120元

⑫佛教小百科漫談	心靈雅集編譯組	150元
⑬佛教知識小百科	心靈雅集編譯組	150元
⑭佛學名言智慧	松濤弘道著	220元
⑮釋迦名言智慧	松濤弘道著	220元
⑯活人禪	平田精耕著	120元
⑰坐禪入門	柯素娥編譯	150元
⑱現代禪悟	柯素娥編譯	130元
⑲道元禪師語錄	心靈雅集編譯組	130元
⑳佛學經典指南	心靈雅集編譯組	130元
㉑何謂「生」　阿含經	心靈雅集編譯組	150元
㉒一切皆空　般若心經	心靈雅集編譯組	150元
㉓超越迷惘　法句經	心靈雅集編譯組	130元
㉔開拓宇宙觀　華嚴經	心靈雅集編譯組	130元
㉕真實之道　法華經	心靈雅集編譯組	130元
㉖自由自在　涅槃經	心靈雅集編譯組	130元
㉗沈默的教示　維摩經	心靈雅集編譯組	150元
㉘開通心眼　佛語佛戒	心靈雅集編譯組	130元
㉙揭秘寶庫　密教經典	心靈雅集編譯組	180元
㉚坐禪與養生	廖松濤譯	110元
㉛釋尊十戒	柯素娥編譯	120元
㉜佛法與神通	劉欣如編著	120元
㉝悟（正法眼藏的世界）	柯素娥編譯	120元
㉞只管打坐	劉欣如編著	120元
㉟喬答摩・佛陀傳	劉欣如編著	120元
㊱唐玄奘留學記	劉欣如編著	120元
㊲佛教的人生觀	劉欣如編譯	110元
㊳無門關（上卷）	心靈雅集編譯組	150元
㊴無門關（下卷）	心靈雅集編譯組	150元
㊵業的思想	劉欣如編著	130元
㊶佛法難學嗎	劉欣如著	140元
㊷佛法實用嗎	劉欣如著	140元
㊸佛法殊勝嗎	劉欣如著	140元
㊹因果報應法則	李常傳編	140元
㊺佛教醫學的奧秘	劉欣如編著	150元
㊻紅塵絕唱	海　若著	130元
㊼佛教生活風情	洪丕謨、姜玉珍著	220元
㊽行住坐臥有佛法	劉欣如著	160元
㊾起心動念是佛法	劉欣如著	160元
㊿四字禪語	曹洞宗青年會	200元
⑤①妙法蓮華經	劉欣如編著	160元
⑤②根本佛教與大乘佛教	葉作森編	180元

⑬大乘佛經	定方晟著	180元
㊴須彌山與極樂世界	定方晟著	180元
㊵阿闍世的悟道	定方晟著	180元
㊶金剛經的生活智慧	劉欣如著	180元

•經 營 管 理• 電腦編號 01

◎創新經營管理六十六大計（精）	蔡弘文編	780元
①如何獲取生意情報	蘇燕謀譯	110元
②經濟常識問答	蘇燕謀譯	130元
④台灣商戰風雲錄	陳中雄著	120元
⑤推銷大王秘錄	原一平著	180元
⑥新創意・賺大錢	王家成譯	90元
⑦工廠管理新手法	琪　輝著	120元
⑨經營參謀	柯順隆譯	120元
⑩美國實業24小時	柯順隆譯	80元
⑪撼動人心的推銷法	原一平著	150元
⑫高竿經營法	蔡弘文編	120元
⑬如何掌握顧客	柯順隆譯	150元
⑭一等一賺錢策略	蔡弘文編	120元
⑯成功經營妙方	鐘文訓著	120元
⑰一流的管理	蔡弘文編	150元
⑱外國人看中韓經濟	劉華亭譯	150元
⑳突破商場人際學	林振輝編著	90元
㉑無中生有術	琪輝編著	140元
㉒如何使女人打開錢包	林振輝編著	100元
㉓操縱上司術	邑井操著	90元
㉔小公司經營策略	王嘉誠著	160元
㉕成功的會議技巧	鐘文訓編譯	100元
㉖新時代老闆學	黃柏松編著	100元
㉗如何創造商場智囊團	林振輝編譯	150元
㉘十分鐘推銷術	林振輝編譯	180元
㉙五分鐘育才	黃柏松編譯	100元
㉚成功商場戰術	陸明編譯	100元
㉛商場談話技巧	劉華亭編譯	120元
㉜企業帝王學	鐘文訓譯	90元
㉝自我經濟學	廖松濤編譯	100元
㉞一流的經營	陶田生編著	120元
㉟女性職員管理術	王昭國編譯	120元
㊱ＩＢＭ的人事管理	鐘文訓編譯	150元
㊲現代電腦常識	王昭國編譯	150元

國家圖書館出版品預行編目資料

斑點、皺紋自己治療/高須克彌、高須倭文著；劉雪卿譯
——初版，——臺北市，大展，民86
面；　　公分，——（婦幼天地；40）
譯自：シミ・しわを自分で治す本
ISBN 957-557-699-3（平裝）
1.皮膚—保養
424.3　　　　86003213

SHIMI SHIWA WO JIBUN DENAOSU HON by Katsuya Takasu and Shizu Takasu

First published in Japan in 1996 by Bestsellers Co., Ltd.
Chinese translation rights arranged with Bestsellers Co., Ltd.
throuth Japan Foreign-Rights Centre/Keio Cultural Enterprise Co., Ltd.
版權仲介/京王文化事業有限公司

斑點、皺紋自己治療

ISBN 957-557-699-3
原 著 者/ 高須克彌、高須倭文
編 譯 者/ 劉 雪 卿
發 行 人/ 蔡 森 明
出 版 者/ 大展出版社有限公司
社　　址/ 台北市北投區（石牌）致遠一路2段12巷1號
電　　話/ （02）8236031・8236033
傳　　真/ （02）8272069
郵政劃撥/ 0166955-1
登 記 證/ 局版臺業字第2171號
承 印 者/ 高星企業有限公司
裝　　訂/ 日新裝訂所
排 版 者/ 弘益電腦排版有限公司
電　　話/ （02）5611592
初版1刷/ 1997年（民86年） 5月

定　價/ 180元

大展好書 好書大展

大展好書 好書大展